KATHARINA JAKOB

Hundehelden

mosaik

KATHARINA JAKOB

Hundehelden

Fünfzehn Geschichten von außergewöhnlichen Hunden
und ihren unglaublichen Taten

Mit Illustrationen von Sarah Heuzeroth

mosaik

FSC
www.fsc.org
MIX
Papier | Fördert gute Waldnutzung
FSC® C014496

Penguin Random House Verlagsgruppe FSC® N001967

1. Auflage
Originalausgabe Oktober 2025

Neumarkter Straße 28, 81673 München
produktsicherheit@penguinrandomhouse.de
(Vorstehende Angaben sind zugleich
Pflichtinformationen nach GPSR.)
Redaktion: Birthe Vogelmann
Umschlag: Sabine Kwauka
Umschlagmotiv: © Sarah Heuzeroth
Satz: Satzwerk Huber, Germering
Druck und Bindung: GGP Media GmbH, Pößneck
Printed in Germany
LG · MW
ISBN 978-3-442-39447-0

www.mosaik-verlag.de

Für Merle

Inhalt

Vorwort

Während der Arbeit an diesem Buch starb meine Hündin Merle. Sie wurde etwa 15 ½ Jahre alt. Ihr genaues Alter weiß ich nicht, weil sie ein Hund aus dem Tierschutz war. In ihren jungen Jahren hatte sie jemand auf einem Wanderparkplatz zurückgelassen. Ich schreibe das, weil dieses Buch von Hundehelden handelt und Merle meine persönliche Heldin war.

Als sie zu uns kam, litt sie unter unfassbaren Ängsten. Eine schnelle Bewegung reichte schon aus, und sie schrie. Doch von Anfang an brannte etwas in ihr, das stärker war als Angst: unbändige Lebensfreude.

Ich sah, wie sie sich vor allem Neuen fürchtete und wie sie trotzdem genau dort hinwollte, weil sie so neugierig war. In ihrer Erregung gab sie Töne von sich, wie ich sie noch nie von einem Hund gehört habe. Sie konnte aus Angst wie ein Vogel zwitschern, wenn sie vor einer Holzbrücke stand, die sie nicht kannte. Und dann setzte sie eine Pfote auf den Steg, zog die nächste nach, ging hinüber, am ganzen Leib zitternd. Aber sie ging. Kaum war sie auf der anderen Seite, sprang sie herum wie ein Pony. Lachte mich an. Hopste an mir hoch. Ich hörte sie förmlich jubeln: Ich hab es geschafft! Siehst du, ich hab es geschafft! Hab ich das nicht toll gemacht?

»Das hast du ganz toll gemacht«, sagte ich dann und nahm sie in den Arm. Sie drückte sich an mich, schleckte mir über die Nase und stürmte wieder los: schnüffeln, stöbern, weiterziehen.

Merle war der tapferste Hund, der mir je begegnet ist. Ich verneige mich vor ihrem Mut, der ihr erlaubte, ihr langes Leben in vollen Zügen zu genießen, auch wenn die Angst sie nie ganz verließ.

Und ich verneige mich vor allen Hunden in diesem Buch, die ihrerseits Helden waren oder sind. Bo, der Spürhund mit der fantastischen Nase, der vermisste Kinder findet oder alte verwirrte Menschen, hat auch Angst vor allem Neuen. »Er ist ein Schisser«, sagte sein Partner Sergeant David Rowland vom Gastonia Police Department in North Carolina. Doch er sagte das mit einer so zärtlichen Stimme, mit einem so großen Lächeln, dass klar war: Bo darf Angst haben, und er bekommt alle Zeit, die er braucht, um sie zu überwinden.

Alle Hunde in diesem Buch hatten oder haben Menschen an ihrer Seite, auf die Verlass ist. Die sie halten, stützen, motivieren und ihnen so die Möglichkeit geben, Großes zu leisten. Während der Arbeit an diesem Buch habe ich gelernt, dass Heldentaten nicht von allein kommen. Sie entstehen im Team. Selbst der notorische Vagabund Red Dog, der das westliche Australien auf eigene Faust durchstreifte, konnte sich darauf verlassen, dass immer jemand da war, wenn er Hilfe brauchte.

Das Band zwischen Hund und Mensch gehört für mich zum Größten, Wertvollsten und Erstaunlichsten, was es auf der Welt gibt. Ich fühle mich geehrt, von so vielen Helden umgeben zu sein. Es sind viel mehr als nur fünfzehn.

Einleitung

Hunde dienen uns unaufhörlich. Jeden Tag machen sie zuverlässig ihren Job, sei es als Blindenführer, Herdenschützer, Jagdhelfer, Drogenschnüffler und noch vieles andere mehr. Meist arbeiten sie dabei im Stillen, von der Öffentlichkeit unbemerkt. Manchmal jedoch wachsen sie über sich hinaus. Dann werden sie zu Helden und retten Leben.

So wie Swansea Jack, der als Rettungsschwimmer 27 Menschen aus dem Wasser zog. Oder der Schlittenhund Togo, der tagelang durch Schneestürme rannte, um eine Stadt in Alaska mit Medikamenten zu versorgen. Oder Roselle, die ihren blinden Halter durch das brennende World Trade Center führte – über insgesamt 1463 Stufen hinunter ins Freie, kurz bevor das Gebäude in sich zusammenbrach.

Andere Hunde retten keine Menschen, sondern Filmstudios, wie Rin-Tin-Tin, ohne den es die Warner Bros. heute nicht gäbe. Sie brechen Rekorde, schlagen sich mehr als 4000 Kilometer quer durch die USA, um wieder heimzukommen, zurück zu ihren Familien. Sie bringen Nashornwilderer hinter Gitter und revolutionieren die Forschung.

Was in aller Welt lässt Hunde solche Leistungen vollbringen?

Das Schlüsselwort ist: Bindung.

Hund und Mensch gehören unterschiedlichen Spezies an. Und doch binden sie sich in einer Weise aneinander, wie es sie kein zweites Mal auf Erden gibt, nicht unter verschiedenen

Arten. Wir betrachten Hunde als unsere Familienmitglieder und trauern um sie wie um enge Angehörige. Vor Kurzem ermittelte ein ungarisches Forschungsteam in einer aufwendigen Studie den Charakter der Hund-Mensch-Verbindung. Das Ergebnis: Sie ist eine Mischung aus Eltern-Kind-Beziehung und bester Freundschaft, nur dass sie weniger Konflikte mit sich bringt. Und manchmal macht sie sogar zufriedener. So wurde die Unterstützung, die Hunde uns geben, von den rund 700 Studienteilnehmenden mehrheitlich höher bewertet als die Hilfe der meisten ihnen nahestehenden Menschen. Dabei sind die Befragten keine Misanthropen. Der größte Teil gab an, gute, stabile Beziehungen mit ihresgleichen zu führen.

Für Hunde wiederum sind wir zum wichtigsten Sozialpartner geworden, wir sind ihm sogar wichtiger als seine eigene Art. Einsame Welpen in einem Raum lassen sich von Menschen schneller beruhigen als von anderen Hunden. Erwachsene Tierheimhunde binden sich schon nach wenigen Minuten des Kennenlernens stärker an eine Person als an einen Artgenossen.

Einer der Gründe für dieses enge Band liegt in unserer langen gemeinsamen Geschichte. Nach heutigem Wissensstand begann die Domestikation des Hundes vor mindestens 17 000 Jahren. Und das ist konservativ geschätzt. Gut möglich, dass sie noch viel weiter zurückreicht, bis zu 40 000 Jahre vor unserer Zeit. Schaf und Ziege, unsere nächstältesten Haustiere, folgten erst mit weitem Abstand. Sie leben seit etwa 11 000 Jahren in menschlicher Obhut: als Menschen sesshaft wurden und mit dem Ackerbau begannen.

Unsere Vorfahren hingegen, die sich den Wölfen zuwandten, zogen noch als Jäger und Sammler durch die Lande. Wie genau sich diese Annäherungen abspielten, wissen wir bis heute nicht. Eine finnische Forschungsarbeit aus dem Jahr 2021 geht davon aus, dass die Menschen der letzten Eiszeit das Fleisch aus ihren Jagdzügen, das sie nicht verwerten konnten, an Wölfe verfütterten. Und damit die Tiere zunächst an sich gewöhnten, um sie danach zu zähmen und zu domestizieren, in einem jahrtausendelangen Prozess der genetischen Veränderung. Bis aus dem wilden Wolf ein Tier entstand, das an die Lebensweise des Menschen angepasst war und ihm zur Hand gehen konnte: als Lastentier, Jagdhelfer und als Wächter des Lagers.

Heute sprechen Forschende von einer Co-Evolution: Hund und Mensch haben sich zusammen weiterentwickelt, zu ihrem gegenseitigen Nutzen. Ohne diese Tiere hätten wir nicht alle Regionen des Planeten besiedeln können. Vor allem die arktischen Gebiete wären uns verschlossen geblieben. Wir brauchten Hunde, die Schlitten zogen und Jäger zu den Robbenlöchern brachten.

Aber es ist nicht nur die Dauer dieser Gemeinschaft, die beide Arten zusammengeschweißt hat, es ist auch ihre Intensität. Hunde übernehmen für uns Aufgaben in einer Bandbreite, wie sie kein anderes Tier leisten könnte. Die meisten dieser Jobs erfordern eine enge Kooperation mit dem Menschen. Hüte- und Treibhunde folgen nicht nur den stimmlichen Kommandos der Hirtinnen und Hirten, sie lesen auch Handzeichen und reagieren auf Augenbewegungen. Servicehunde warnen ihre Menschen vor epileptischen Anfällen, helfen ihnen durch Posttraumatische Belastungsstörungen hindurch oder ermöglichen ihnen die Teilhabe am gesellschaftlichen Leben.

Während der Ursprung der Domestikation noch immer ein Rätsel ist, kennen wir umso besser das Ergebnis. Heraus kam ein Tier, das sich zum besten Menschenkenner entwickelt hat, den es gibt, abgesehen von unserer eigenen Art. Der Hund schlägt den Menschenaffen um Längen – immerhin unser nächster Verwandter im Tierreich –, wenn es darum geht, unsere Emotionen zu deuten. In menschlichen Gesichtern liest er wie in einem Buch. Er kann unsere Absichten durchschauen und auch unterscheiden, ob jemand wirklich etwas weiß oder nur blufft. Er kann einschätzen, was wir hören und was nicht. Ein Hund erkennt uns allein an unserer Stimme, selbst wenn die nur vom Band kommt und mit ähnlich klingenden Stimmen abgespielt wird.

Mit anderen Worten: »Hunde sind das Einhorn unter den Arten, wenn es um die Interaktion mit Menschen geht.« Das sagte der Verhaltensforscher John W. Pilley, der bis zu seinem Tod mit Chaser lebte und arbeitete, dem klügsten bekannten Hund der Welt. Chaser hat die Verhaltensforschung revolutioniert. Sie konnte etwas, das zuvor niemand einem Hund zugetraut hatte: Sie verstand die Bedeutung von Wörtern. Von 1022 Spielzeugen kannte sie jedes einzelne mit Namen und fischte es aus einem Berg anderer Gegenstände heraus. In ihren letzten gemeinsamen Jahren brachte John Pilley ihr sogar die Anfänge des Satzbaus bei. Chaser lernte, dass nicht nur die Wörter selbst, sondern auch ihre Reihenfolge in einem Satz von Bedeutung sind. Dass es also einen Unterschied macht, ob man einen Ball neben einen Teddy legt oder den Teddy neben einen Ball.

Das bewirkt Bindung – wenn sie so tief ist wie die zwischen Hund und Mensch. Deshalb gehen Hunde für uns bereitwillig an ihre Grenzen und viele Male auch darüber hinaus. Sie werden zu Helden oder vollbringen Meisterleistungen. Sie sind es wert, dass ihre Geschichten erzählt werden.

Togo

und die Rettung einer Stadt

»Wir sind Gefangene in einem Kerker aus Eis und Schnee. Das letzte Boot ist weg. Dieser kleine Ort ist jetzt sich selbst überlassen. Wir sind allein im Sturm, in der Dunkelheit und in der Kälte des Nordens.« Nome Chronicle, 1925

Die Hunde hecheln im Takt. Togo, der Leithund, führt sie durch die Nacht. Er nimmt Kurs auf den Norton Sound, die gefährlichste Etappe der ganzen Route. Dort geht es direkt über das Meer, das Eis gilt als extrem tückisch. Seit Stunden heult ein Schneesturm, die Temperatur sinkt stetig, erreicht minus 34 Grad Celsius, sinkt weiter. Der Schlittenhundeführer Leonhard Seppala weiß, dass sie verloren sind, wenn Togo sich jetzt irrt. Sie laufen seit vielen, vielen Stunden.

Dies ist die Geschichte eines Schlittenhundes, der mithalf, eine Stadt vor dem Tod zu bewahren. Im Januar 1925 grassierte in Nome im äußersten Nordwesten Alaskas die Diphtherie. Die Stadt brauchte dringend ein Serum gegen die Seuche. Täglich stieg die Zahl der Erkrankten, vor allem die Kinder starben, manche innerhalb von wenigen Stunden. Doch Nome war vom Eis umschlossen, kein Schiff, kein Flugzeug gelangte dorthin. Noch nicht einmal Straßen gab es. Die Bewohnerinnen und

Bewohner hatten nur eine Chance: Schlittenhunde, die ihnen das Serum brachten. So wie Togo einer war, der als Leithund mit seinem Gespann die längste und gefährlichste Etappe übernahm. In nur vier Tagen rannte er 420 Kilometer. Trotz seines fortgeschrittenen Alters von zwölf Jahren.

Hundeland Alaska

Dabei grenzt es an ein Wunder, dass Togo überhaupt Schlittenhund wird. Als Welpe sortiert Leonhard Seppala ihn aus. Seppala ist ein berühmter *Musher* in Alaska, wie die Schlittenhundeführer genannt werden. Seine Tiere züchtet er selbst. Aber dieser Kleine da, dieser Togo, taugt nichts. Er ist kränklich und zugleich rauflustig. »Der soll mal Schoßhündchen werden, als Schlittenhund ist er nicht zu gebrauchen«, sagt der Musher eines Abends zu seiner Frau. Und es stimmt: Togo ist angeschlagen. Immer wieder leidet er an Halsentzündungen. Wenn sich sein Rachen infiziert, kann er kaum atmen. Seppalas Frau Constance macht dem Welpen dann Halswickel und wiegt ihn im Arm, damit er leichter Luft bekommt. Doch was soll so ein Tier im Haus eines Mushers? Schlittenhunde müssen stundenlang laufen können und ein hohes Tempo halten. Während sie rennen, atmen sie die klirrend kalte Luft ein, von minus zwanzig Grad oder noch kälter. Zughunde können also nur gesunde, robuste Tiere sein, die vor Kraft strotzen. Im Alaska der 1920er-Jahre sind sie die wichtigste Verbindung zur restlichen Welt, sobald der Winter anbricht. Und der dauert so nah am Polarkreis sieben Monate lang.

Vor allem Nome ist abhängig von seinen Hunden. Um 1920 liegt keine Stadt auf dem amerikanischen Kontinent nördlicher als diese. Sie befindet sich isoliert am Rand der Beringsee, ohne eine Verbindung über Land. Im Oktober verlässt das letzte Versorgungsschiff den Hafen und kommt erst im späten Frühjahr wieder. Wer in dieser Zeit des Stillstands etwas braucht, muss den Schlittenhunde-Trail nutzen, der von Nome bis zu den ersten eisfreien Häfen führt. Deshalb besitzt nahezu jeder der 1430 Einwohner ein eigenes Gespann. Die Hunde sind meistens Huskys oder Malamutes. Sind sie nicht im Einsatz, stromern sie frei durch die Stadt. Sie bevölkern die Front Street, lungern vor den Geschäften herum, streunen über den Strand, jaulen die Nächte hindurch. Aber niemand stört sich daran, die Tiere haben Narrenfreiheit. Mehr noch: Sie genießen Respekt. Wer abfällig über einen Leithund spricht, muss mit Handgreiflichkeiten rechnen. Ein Anwalt aus Nome erwirkt sogar einen Freispruch für seinen Husky, der 28 Schafe gerissen hat. Alaska sei nun mal ein Hundeland, urteilt das Gericht. Die Schafe müssten auf sich selbst aufpassen.

Dass Nome so hundenärrisch ist, liegt nicht zuletzt an der Entstehung der Stadt. Sie blüht auf in den Zeiten des Goldrauschs, im nahen Flusslauf werden Goldnuggets gefunden. Doch ohne Hunde keine Boomtown. Sie transportieren Menschen, Frachtgüter, die Post. Und oft genug retten sie Leben. Sei es, dass jemand sich im Schneesturm verläuft und gefunden werden muss. Sei es, dass ein Musher sich irrt und ein falsches Kommando gibt. Ein guter Leithund muss den Befehl ignorieren und selbst entscheiden. Denn nur er kann spüren, wie brüchig das Eis unter den Pfoten ist oder an welcher Stelle sich Schollen lösen. Er ist das Gehirn des Gespanns und bringt es sicher nach Hause. Wer ein solches Tier besitzt, platzt fast vor Stolz. Um nichts in der Welt würde er es hergeben.

Der Hundeflüsterer irrt sich

So einen Leithund hätte auch Leonhard Seppala gut gebrauchen können. Die Tiere, die jetzt seine Gespanne anführen, kommen allmählich in die Jahre. Stattdessen wird 1913 Togo geboren, als einziger Welpe des Wurfs. Die Seppalas leben mit ihrer kleinen Tochter und drei Dutzend Sibirischen Huskys einige Kilometer außerhalb von Nome. Der Musher fährt Rennen, von denen er die meisten gewinnt. Aber noch ist er nicht der »König der Trails«, wie man ihn später nennen wird. Denn Seppala hat zwar einen siebten Sinn für Hunde, doch im Jahr 1913 lässt der ihn erst einmal im Stich. Stirnrunzelnd blickt der Musher auf Togo. Was ist nur los mit diesem Tier?

Kaum spannt Seppala die anderen Huskys vor den Schlitten, dreht der Kleine durch. Er attackiert den Leithund, der schon im Geschirr dasteht, beißt ihm in die Ohren, in die Hinterläufe, bringt die anderen dazu, sich in den Leinen zu verheddern. Bis Seppala eines Tages die Geduld verliert und Togo zu einer Bekannten bringt, die sich ein Haustier wünscht. Ein guter Platz, denkt Seppala. Dort kann der Hund vor dem Kaminfeuer liegen und sich den Bauch kraulen lassen. Muss keinen Schlitten ziehen, keine anderen Tiere dulden und wird seine Halsschmerzen los.

Doch Togo hat ein Problem, das Seppala, der Hundeflüsterer, nicht sieht: Er ist dramatisch unterfordert. Keine drei Wochen später bricht er aus seinem neuen Zuhause aus. Er springt durch das geschlossene Fenster im Erdgeschoss und rennt die ganze Strecke zu Seppala zurück, und das sind etliche Kilometer. Mit blutendem Gesicht und Glasscherben in den Pfoten. Der Musher traut seinen Augen kaum, als er den verletzten Hund vor der Haustür findet. Aber er schickt ihn nicht wieder weg. In sein Tagebuch schreibt er: »Wer seiner Familie so ergeben ist, hat es verdient zu bleiben.«

Wochen später wagt Seppala ein Experiment. Er streift dem Junghund ein Geschirr über und spannt ihn vor den Schlitten, direkt vor die Kufen, wo er Togo am besten im Blick hat. Für ein so junges Tier ist das eine unmögliche Position. Hier laufen die *wheel dogs*, die stärksten und größten Hunde, die am meisten Kraft haben. Ein Husky von acht Monaten kann das nicht leisten. Aber in Togo vollzieht sich eine eindrucksvolle Verwandlung. Kaum trägt er das Geschirr, wird er ruhig. Er bleibt auch reglos stehen, als Seppala die Leinen befestigt. Und dann, auf Kommando, läuft er los mit dem Gespann. Zieht konzentriert den Schlitten und macht alles richtig. Hält die Schleppleine straff gespannt, bleibt in der Spur, setzt seine Hinterpfoten genau in den Abdruck der vorderen. Und da endlich begreift der Musher, wen er vor sich hat: den perfekten Schlittenhund.

Im Lauf dieses Trainings korrigiert Seppala mehrmals Togos Position. Der Hund rückt im Gespann immer weiter nach vorn. Bis er schließlich an der Spitze läuft, als Leithund. Insgesamt rennt Togo an seinem ersten Tag wahnwitzige 125 Kilometer, und immer noch will er weiter. Dabei gelten schon 48 Kilometer als anspruchsvolle Tagesleistung. Seppala hinter dem Schlitten ist starr vor Verblüffung. »Das ist der geborene Leithund«, schreibt er am Abend in sein Tagebuch.

Zu viele Mandelentzündungen

Im Winter 1924 bricht in Nome die Diphtherie aus, zunächst unbemerkt. Curtis Welch ist fünfzig Jahre alt und der einzige Arzt der Gegend. Der nächste befindet sich knapp 650 Kilometer weiter südlich. In seinem kleinen Krankenhaus arbeitet er mit vier Krankenschwestern zusammen, die sich mit seiner Einsilbigkeit arrangiert haben. Denn Welch ist menschenscheu, Gespräche strengen ihn an. Doch als Arzt ist er tüchtig. Jeden Sommer geht er akribisch die Medikamentenbestände und Materialien durch und bestellt in der Hauptstadt Juneau nach, was ihm fehlt. So auch im Juli 1924. Das Serum gegen die Diphterie muss dringend aufgestockt werden. Im Vorratsschrank stehen nur noch Restbestände, und die sind abgelaufen.

Pünktlich hat das letzte Versorgungsschiff im Oktober alles mitgebracht, was auf Welchs Liste stand, die Arzneien, die Tupfer, den Äther, die Zungenspatel. Bloß nicht das neue Serum. Aus unerfindlichen Gründen ist es nicht mitgekommen. Welch ist zwar beunruhigt, aber er weiß auch, dass er in seinen achtzehn Jahren als Arzt in Nome noch nie einen Diphtheriefall erlebt hat. Und so wird es auch diesmal sein.

Dann häufen sich die Mandelentzündungen, ausgerechnet vor Weihnachten. Und stets sind Kinder betroffen. Da ist das siebenjährige Mädchen, das in einem bedenklich entkräfteten Zustand ist und sehr hohes Fieber hat. Welch macht sich Sorgen wegen der vielen Kinderfeste, die in Nome Tradition haben. Die Kleinen scharen sich um Santa Claus und werden mit Süßigkeiten beschenkt, singen in Schulchören und in der Festhalle. Nach den Feiertagen wird er reichlich zu tun haben.

Und genau so kommt es, nur sehr viel schlimmer als befürchtet. Vier Tage nach Weihnachten ist das kleine Mädchen tot. Um Neujahr sterben zwei weitere Kinder. Wenn Welch mit seinem Arztkoffer eintrifft, kann er schon an der Tür feststellen, wie schlimm es um die Kleinen steht. Er riecht den süßlich fauligen Geruch aus ihrem Hals, blickt in ihre hochroten Gesichter, sieht, wie sie um Atem ringen. Aber noch immer denkt er an Mandelentzündungen. Vielleicht ist es auch eine neue Krankheit, die er nicht kennt? Diphtherie darf es nicht sein. Er hat kein Serum gegen diese Seuche, die, wenn sie einmal um sich greift, eine ganze Stadt auslöschen kann.

Mitte Januar endet mit einem Schlag jede Hoffnung. Welch blickt in einen Kinderrachen und erkennt die typischen grauen Beläge der Diphtherie. Wie aus dem Lehrbuch. Auch dieses Kind überlebt nicht. Welch weiß jetzt, dass die Stadt auf eine Epidemie zusteuert und er auf schnellstem Weg frisches Serum braucht. Das, was er im Krankenhaus hat, reicht vielleicht für sechs Patienten – falls es überhaupt noch wirkt.

Der geschockte Gemeinderat verhängt eine Quarantäne über die Stadt. Niemand darf jetzt noch das Haus verlassen, Kirche, Schule, Läden bleiben geschlossen. Welch schickt Telegramme nach Juneau und in die anderen Städte:

»Eine Diphtherie-Epidemie ist fast unvermeidlich
STOP
Ich benötige dringend eine Million Einheiten
Diphtherie-Antitoxin STOP«

Doch selbst wenn sich in Windeseile so viel Serum zusammentragen ließe: Wie könnte es nach Nome gelangen, und vor allem wann? Welch und die Mitglieder des Gemeinderats rechnen aus, wie lange ein Hundeschlitten unterwegs wäre. Es ist niederschmetternd. Von der letzten Bahnstation bis nach Nome sind es noch 1085 Kilometer. Ein Gespann braucht rund 25 Tage für diese Strecke. Doch so viel Zeit hat die Stadt nicht.

Es muss anders gehen.

»Leonhard Seppala«, sagt ein Mitglied des Gemeinderats. Und: »Eine Hundestaffel.«

Der Plan zur Rettung

Im Januar 1925 ist Leonhard Seppala 47 Jahre alt und der bekannteste Musher Alaskas. Er gilt nun als »König des Trails«, weil er alle anderen Schlittenhundeführer an Schnelligkeit übertrifft. Doch das gelingt ihm erst, seitdem Togo sein Leithund ist. Der inzwischen alte Husky hat sich den Ruf einer Legende erarbeitet. Selbst mit zwölf Jahren ist er noch immer bärenstark, schnell und hellwach. Auch besitzt er ein extremes Gespür für den Trail. Kein anderer Hund, von dem Seppala weiß, kann so zuverlässig Gefahren wittern. Mit Togo bricht der Musher einen Rekord nach dem anderen, vor allem auf Marathonstrecken. Fast 90 000 Kilometer sind sie miteinander gelaufen. Der Leithund kennt jede Geländeformation in Alaska. Er zieht den Schlitten übers Gebirge und durch die Totenstille des Landesinneren, das in manchen Wintern wie unter einem Leichentuch liegt, vor allem dann, wenn ein sogenannter *Whiteout* auftritt. Dann breitet sich fahlweißer Dunst aus, Himmel und Erde verschwimmen in eins, Landmarken lösen sich auf, und man fährt wie durch Milch. Ein Mensch kann darin komplett die Orientierung verlieren. Togo aber riecht die Fährte der anderen Hunde, die vor ihm den Trail genommen haben, und läuft wie auf Schienen.

Und dann sind da die Routen übers vereiste Meer. Nome liegt am Norton Sound, einem Arm der Beringsee. Die meisten Musher gehen kein Risiko ein und wählen den Weg längs der Küste, nicht die Überquerung. Denn das Eis auf dem Sound gilt als kaum berechenbar. Es kann jäh in Schollen zerbrechen, die aufs Meer hinaustreiben, wenn der Wind ablandig weht. Befindet sich ein Gespann in solchen Momenten auf einer Scholle, sitzt es in der Falle. Wie eine Robbenkolonie treiben Mensch und Hunde Richtung Ozean, unfähig, den immer größer werdenden Spalt zwischen Eis und Wasser zu überwinden. Alles, was ihnen bleibt, ist die Hoffnung, dass der Wind wieder dreht und sie an Land zurückschiebt.

Doch Seppala und Togo kürzen stets über den Norton Sound ab, wenn der Hund anzeigt, dass das Eis begehbar ist. Instinktiv findet er die einfachste und zugleich sicherste Route. Auf dem Norton Sound übernimmt Togo die Führung, und es ist ganz egal, wie alt er inzwischen ist: Seppala hat die Gewissheit, dass ihm und den anderen Hunden nichts geschehen wird, solange Togo an der Spitze läuft.

Startschuss

Es ist so weit. Der Plan steht. Statt eines Gespanns, das mehr als drei Wochen bis Nome braucht, werden viele Musher die Strecke in Etappen abfahren. So kann das Serum ohne Unterbrechung weitergereicht werden, Tag und Nacht, und die Transportzeit verkürzt sich auf etwa acht bis zehn Tage. Eine bessere Option haben sie nicht.

Wirklich nicht? Den Bürgermeister treibt eine kühne Idee um. Mit einem Flugzeug, das aus Fairbanks startet, wäre das Serum in sechs Stunden in Nome. Sechs Stunden! Wie viele Menschenleben könnten gerettet werden, vor allem die von Kindern. Die Seuche käme zum Erliegen, bevor sie richtig um sich greift. Auch hat es im Winter bereits einen Testflug nach Nome gegeben. Es wäre eine Möglichkeit, theoretisch.

Aber nicht in der Realität. Im Januar 1925 liegt ein arktisches Hochdruckgebiet über dem Landesinneren von Alaska und beschert der Region die schlimmste Kälte seit fast zwanzig Jahren. Und noch immer sinkt das Thermometer. Es zeigt bisweilen schon Minusgrade von siebzig Grad Fahrenheit an, das sind etwa 56 Grad Celsius unter null. Ein Flugzeug-Cockpit steht aber offen, der Pilot sitzt im Freien. Eine Unmöglichkeit bei dieser Kälte. Der Testflug fand damals bei milden Temperaturen statt und war sehr kurz. Welcher Pilot übernähme so ein Himmelfahrtskommando? Und was, wenn ein Schneesturm losbricht? Keine Seltenheit an der Küste der Beringsee. Stürzt die Maschine ab, ist das Serum verloren und mit ihm Nome.

Der Bürgermeister wird überstimmt, die Hundestaffel in Gang gesetzt. Nenana liegt im Osten des Landes, dort endet die Bahntrasse. Bis dahin lässt sich das Serum per Zug verschicken. Ein gutes Dutzend Schlittenhundeführer soll an festgelegten Streckenposten warten und die Sendung etappenweise nach Nulato bringen, eine Stadt schon weit im Westen. Dort wartet dann hoffentlich Leonhard Seppala. Er wird sich von Nome aus nach Nulato vorarbeiten, während die Staffel ihm von Osten entgegenkommt. Weil er der schnellste aller Fahrer ist, übernimmt er knapp die Hälfte der Strecke. Rund 350 Kilometer sind es von Nome bis nach Nulato. Sobald Seppala das Serum hat, muss er auf gleichem Weg wieder zurück. Das ist nicht nur die längste Etappe von allen, sondern auch die riskanteste. An der Küste gerät er womöglich in einen Blizzard, seit Tagen schon kündigt sich der Schneesturm an. Und dann geht es auch noch über das Meereis des Norton Sounds.

Es ist ein tollkühner Plan, und jeder weiß es. Aber Seppala ist sich seiner Sache sicher und rechnet mit acht Tagen Fahrt für sich und sein Gespann. Wenn alles gut geht, kann er Doktor Welch in rund einer Woche die Ampullen in die Hand drücken.

Damit fällt der Startschuss für das, was später als »Serum Run to Nome« in die Geschichte eingehen wird. Und wie so oft in der Geschichte wird es nicht der Held sein, der am Ende die Lorbeeren erntet. Sondern der Glückliche, der zur rechten Zeit am rechten Ort ist. Mit einem Wort: der falsche Hund.

Planänderung

Am Abend des 27. Januar trifft das Serum wie vorgesehen an der Bahnstation von Nenana ein. Wie gefährlich das ganze Unterfangen ist, zeigt sich gleich bei der ersten Etappe. Ein Musher namens Bill Shannon hat die Ladung übernommen und fährt direkt los, mitten hinein in die arktische Nacht. 84 Kilometer liegen vor ihm, und er überlebt sie nur knapp. Die extreme Kälte raubt ihm fast das Bewusstsein. Immer wieder taumelt er vor den Hunden her, um warm zu werden, und spürt doch, dass sein Körper schneller auskühlt, als er ihm Wärme zuführen kann. Nur mit äußerster Willenskraft widersteht er der Versuchung, sich in den Schnee zu legen, um einzuschlafen. Mit schweren Frostschäden im Gesicht erreicht er sein Ziel. Auf dem Schlitten liegen sterbend drei seiner Hunde. Ihre Lungen haben sich mit Blut gefüllt.

Eine Regel besagt, dass ab minus vierzig Grad Celsius kein Schlittenhund mehr laufen soll. Die Gefahr von Lungenschäden wird dann zu groß. Aber die Hunde der Staffel sind einer noch weit grimmigeren Kälte ausgesetzt, manchmal bis zu fünfzig Grad Celsius unter null. Einige Tiere werden den Rettungseinsatz nicht überleben, nicht nur die drei von Bill Shannon.

Doch am Morgen des 27. Januar ist Leonhard Seppala guter Dinge, als er mit zwanzig Huskys Nome verlässt. Tief im Schlitten verborgen liegt der Proviant für die Hunde, getrockneter Lachs. Für ihn hat seine Frau gekochte Bohnen, Hackfleisch und Zwieback eingepackt. Der Schlitten ist nur leicht beladen, um schneller voranzukommen. Trotz der Quarantäne findet sich auf der Front Street eine kleine Menschenmenge ein, die dem Gespann zuwinkt, als es in Richtung Strand fährt. Dort beginnt der Trail. In Nome sind die Temperaturen noch erträglich, etwa minus 29 Grad Celsius. Und die Hunde laufen wie Nähmaschinen in einem gleichmäßigen Takt. Allein der aufziehende Blizzard macht Seppala Sorgen. Sie sollten nicht auf dem Norton Sound sein, wenn er losbricht.

Aber auch hinter ihm braut sich etwas zusammen. In Nome zählen sie inzwischen 28 an Diphtherie Erkrankte und fünf Tote. Die Restbestände des abgelaufenen Serums sind aufgebraucht, und Curtis Welch kann das Sterben nur noch lindern, nicht mehr aufhalten. Der Gemeinderat, der Bürgermeister, der Doktor und auch der Gouverneur unten in Juneau erkennen gerade den Webfehler in ihrem Plan. So schnell Seppala und seine Hunde auch sein mögen, sie können nicht pausenlos laufen, nicht so wie die Staffel. Zwischendurch müssen sie schlafen. Und das sind wertvolle Stunden, die verloren gehen. Kurzerhand wird das Konzept geändert. Seppala soll jetzt nur noch bis Shaktoolik fahren, das ist eine Siedlung auf der anderen Seite des Norton Sounds. Dort soll er das Serum erhalten und wieder umkehren. Stillschweigend gehen die Planer davon aus, dass Seppala dann erneut übers Meereis fährt, eine Strecke, die viele Kollegen kein einziges Mal in ihrem Leben gewagt haben. Sobald Seppala wieder drüben ist, soll eine neue Staffel weitermachen. Zwei Musher werden sich die restlichen 200 Kilometer teilen.

Bleibt das Problem: Wie erfährt Seppala von der Änderung des Plans? Eine telegrafische Verbindung gibt es auf seiner Strecke nicht. Wo er sich im Augenblick befindet, weiß kein Mensch.

Übers Meer

Sie stehen am Ufer des Norton Sounds. Am Morgen des 31. Januar erreichen Seppala, Togo und die anderen Hunde die winzige Siedlung Isaac's Point. Die Passage über das Meer beginnt hier. Vor ihnen breitet sich das Packeis aus bis zum Horizont. Sie haben knapp 180 Kilometer in vier Tagen zurückgelegt, weniger als gedacht. Sind sie in einen Whiteout geraten? In eine schattenlose Welt aus undurchdringlichem Weiß, das alle Konturen verschluckt? Niemand weiß, was das Gespann aufgehalten hat.

Am Isaac's Point muss Seppala eine Entscheidung treffen. Sein Leithund hat bereits das andere Ufer im Blick, trotz des aufkommenden Schneetreibens. Togo ist die Ruhe selbst. Doch die *swing dogs* winseln. Das sind die Hunde, die hinter dem Leithund laufen, energiegeladene, junge Huskys. Aber nichts fürchtet ein Schlittenhund mehr als einen Blizzard mit seinem ohrenbetäubenden Geheul und dem wirbelnden Weiß, das die Welt ringsum verschluckt. Seppala spürt in seinem Rücken, wie der Wind zunimmt. Immer wieder rüttelt eine Bö am Schlitten. Das Hauptproblem ist die Richtung, aus der der Wind weht. Er kommt ablandig aus dem Osten. Das träge Eis hat schon begonnen, sanft zu schaukeln. Wenn sich jetzt Schollen lösen, treibt der Wind sie aus dem Norton Sound hinaus, weg von der Küste.

Der Musher tut, was er schon viele Male getan hat. Er überlässt Togo die Entscheidung. Er stellt sich hinter den Schlitten, gibt das Kommando zum Aufbruch und sieht, wie sich sein Leithund nach vorn wirft. Das Gefährt setzt sich mit einem leichten Rauschen in Bewegung. Togo nimmt Kurs auf den Norton Sound, die anderen Hunde folgen. Es geht über das

Meer, so hat es der Leithund beschlossen. Sie haben Rückenwind, sie kommen rasch voran. Immer wieder wirbelt eine Bö den Schnee auf, der über der Eisfläche liegt. Messerscharfe Kristalle fliegen allen in die Augen. Über den Gesichtern der Huskys bilden sich Masken aus Eis.

Auf der anderen Seite des Norton Sounds wartet ein Musher auf Seppala. Das Serum ist tief in seinem Schlitten verstaut. Der Musher heißt Henry Ivanoff und hat die undankbare Aufgabe, Leonhard Seppala abzupassen, der ja nicht weiß, dass er gar nicht mehr bis Nulato fahren muss. Ivanoff wartet außerhalb der Siedlung Shaktoolik mitten auf dem Trail. Und je mehr Zeit verstreicht, desto mehr Zweifel beschleichen ihn an seinem Auftrag. Was, wenn er vergeblich wartet? Seppala ist doch der Schnellste von allen. Gut möglich, dass er bereits vor Stunden hier vorbeigekommen ist und nun längst wieder ostwärts fährt, Richtung Nulato. Das Schneetreiben ist mittlerweile so dicht, dass dem Wartenden die Luft wegbleibt, er atmet Schnee ein, schluckt Schnee, kann kaum die Augen offen halten. Der Blizzard entfaltet sich zu voller Stärke. Sein Heulen dröhnt in den Ohren. Einmal stößt eine Bö ums Haar Ivanoffs Schlitten um. Und da passiert es auch schon. Die Hunde setzen zum Sprung an, weil ein Rentier in nächster Nähe den Weg kreuzt. Die Leinen verheddern sich, die Huskys prallen auf- und ineinander, rollen kopfüber in Schneewehen, ziehen den Schlitten hinterher, der zur Seite kippt und mit ihm das Serum. Es ist ein einziges, riesiges, heilloses Chaos, in das Henry Ivanoff da hineingeraten ist, mitten im Sturm.

Und genau in diesem Moment, als der Musher alle Hände voll zu tun hat, um die Leinen zu entwirren, fährt wie ein Schatten aus dem Nichts Seppala mit seinem Gespann vorbei.

»Halt!«, schreit Ivanoff aus vollem Hals. »Das Serum!!«

Seppala ist schon nicht mehr zu sehen. Noch einmal gellend und mit geballten Fäusten: »Das Serum! Das Serum! Ich hab es hier! Seppala!«

Aus dem wirbelnden Schnee taucht erst Togo auf, dann folgen die anderen Schlittenhunde. Dann der Musher. Er stoppt den Schlitten und kämpft sich durch die Böen vor zu Ivanoff, der noch immer aus Leibeskräften brüllt.

Togo rennt

Bislang haben die Ampullen mit dem Antitoxin die rasende Fahrt und alle hektischen Wechsel, das Auftauen in den Wärmestuben und das erneute Einfrieren unterwegs ohne Bruch überstanden. Jetzt liegen sie unter dem schwindenden Proviant für die Hunde in Seppalas Schlitten, dick in Felle gewickelt.

Vielleicht ist es klug, denn der Blizzard bläst weiter von Osten, bald wird das Packeis gar nicht mehr befahrbar sein. Vielleicht ist es aber auch nur blanker Wahnsinn: Seppala wendet das Gespann wieder in Richtung Norton Sound, will sofort zurück. Er weiß, wie erschöpft die Hunde sind. Seit Nome sind sie 275 Kilometer gelaufen, mit nur wenigen kurzen Unterbrechungen. Seit dem frühen Morgen hatten sie gar keine Pause mehr. Ein bisschen Schlaf in Shaktoolik würde ihnen guttun. Auch zerrt das Tosen des Schneesturms an ihren Nerven. Einer der Hunde stemmt die Vorderpfoten beim Wenden in den Schnee, will nicht weiter. Seppala blickt in seine aufgerissenen, verzweifelten Augen. Aber Henry Ivanoff hat berichtet, wie schlimm es um Nome steht. Und dass es deshalb eine Änderung im Ablauf gegeben hat und Seppala gar nicht mehr nach Nulato fahren soll. Sondern sofort wieder zurück.

Nome hat keine Zeit zu verlieren.

Die Hunde sind am Ende ihrer Kraft.

Der Schneesturm. Die Nacht. Das hinaustreibende Packeis.

Zu Hause die fiebernden Kinder.

Seppala hat eine kleine Tochter namens Sigrid. Sie ist acht Jahre alt. Das größte Risiko, an der Diphtherie zu sterben, tragen Kinder von ein bis zehn Jahren.

Der Musher holt aus dem Schlitten getrockneten Lachs. Zerbeißt ihn in Stücke, füttert jeden einzelnen Hund aus der Hand und redet beruhigend auf ihn ein. Die Tiere kauern jetzt im Schnee, haben ihre Ruten über die Schnauzen gelegt, nehmen mit schimmernden Zähnen das Futter entgegen. Sie schmatzen. Und dann legt sich ganz allmählich so etwas wie Gelassenheit über das Rudel.

Was macht der Leithund? Er zeigt keinerlei Regung.

Togos goldbraune Augen sind klar und aufmerksam. Die Haarspitzen seines Fells haben sich dick mit Eis überzogen. Ruhig blickt er Seppala ins Gesicht und nimmt mit einem Schnappen den Lachs entgegen. Es gibt ein Spiel zwischen den beiden, das sie an manchen Abenden spielen. Da kniet Seppala auf dem Boden und versucht, Togos Pfoten zu fangen. Der weicht den Händen aus und beginnt zu tanzen, immer schneller und wilder. Bis er am Ende gegen Seppalas Brust fällt. Dann schlingt der Musher seine Arme um den schlanken Hund und lacht aus vollem Hals.

Seltsam, dass der beste Leithund, den er jemals hatte, so klein ist und nicht mehr wiegt als 24 Kilo. Auch Seppala ist ein kleiner, leichter Mann. Doch wenn es um Stehvermögen geht, sind sie beide Riesen. Auf geht's, flüstert der Musher. Togo drückt sich aus dem Schnee, schüttelt seinen dicken Pelz, in dem eine Männerhand versinkt, und steht startklar für den Rückweg. Seine Ruhe und Zuversicht stabilisieren das ganze Rudel. Auch die *swing dogs* verharren jetzt ruhig im Geschirr und warten auf ihre Kommandos.

Togo führt das Gespann auf den Norton Sound hinaus und folgt der Küstenlinie. Das Eis bricht jetzt an allen Stellen auf. Wo der Wind den Schnee hinweggefegt hat, zeigen sich dunkle Flecken neben dem hellen Eis, dort schwappt bereits das Wasser. Die Fläche, über die sie fahren, schwankt kaum spürbar. Aber Seppala weiß, dass sie in Lebensgefahr sind. Der Wind zerrt an den Schollen, bis sie reißen, und treibt sie auseinander. Togo ahnt die Bruchstellen und legt sich mehr als einmal in eine halsbrecherische Kurve. Seppala hat Mühe, sich auf dem Schlitten zu halten, wenn Togo Haken schlägt wie ein Hase. Vom Blizzard halb taub, kann er nicht hören, wie die Schollen knacken. Er sieht auch die Risse nicht, die sich unter der Schneedecke ausbreiten. Aber einmal wendet er sich um und sieht, dass hinter ihm kein Packeis mehr ist, sondern nur noch breiiges, schwappendes Meereis, das zwischen ihm und der Scholle gurgelt, die sie gerade überquert haben.

Woher Togo die Kraft, den Mut und das Gespür nimmt, sie über das Meer zu leiten, wird Seppala bis an sein Lebensende ein Rätsel bleiben. Dafür weiß er etwas anderes: Wenn das hier gut ausgeht, wenn Nome gerettet wird, dann nur, weil es Togo gibt.

Abends gegen zwanzig Uhr kommen sie heil am Ufer an, wieder bei Isaac's Point. Es ist nicht mehr weit bis nach Golovin, der Küstensiedlung, in der der nächste Musher wartet. Aber noch ein Kilometer mehr, und seine Hunde brechen zusammen. Seppala gönnt dem Gespann und sich ein paar Stunden Schlaf. Um 2 Uhr in der Nacht fahren sie weiter, überqueren die Anhöhe des Little McKinley Mountain, bis sie in Golovin ankommen. Von dort aus sind es nur noch 125 Kilometer bis zu Doktor Welch und der siechenden Stadt.

Am 2. Februar, einem Montagmorgen um 5.30 Uhr in der Frühe, kommt der letzte Musher der Staffel, Gunnar Kaasen, in Nome an. Welch bringt die Ampullen sofort ins Warme, wo sie auftauen. Ab elf Uhr ist das Serum einsatzbereit. Keine einzige Flasche ist zerbrochen.

Späte Lorbeeren

Dank der Schlittenhunde überlebt Nome die tödliche Seuche. Am 21. Februar wird die Quarantäne wieder aufgehoben. Insgesamt haben zwanzig Musher mit ihren Schlittenhunden rund 1085 Kilometer durch das vereiste Alaska zurückgelegt, um die Stadt zu retten. Seppala, Togo und die anderen Huskys aus dem Gespann bewältigten die längste Strecke von 420 Kilometern, davon 135 Kilometer ohne nennenswerte Pause. Die Etappen der anderen Teams umfassten weit kürzere Distanzen, zwischen 29 und 85 Kilometer pro Abschnitt.

Das soll nicht schmälern, was diese Schlittenhundeführer und ihre Tiere geleistet haben. Manche Musher hatten den Tod vor Augen, so wie Bill Shannon. Mehrere Hunde sind umgekommen. Auch wurde das Serum in nur sechs Tagen transportiert, das ist eine atemberaubende Leistung aller Beteiligten. Aber dass Kaasen mit seinem Schlittenhund Balto es war, dem der ganze Ruhm zufiel, erschütterte Leonhard Seppala zutiefst. Kaasen und Balto wurden zu Stars, sie gaben Interviews und spielten in Filmen mit. »Baltos Rennen nach Nome« hieß einer der Kurzfilme, die gedreht wurden. Und dann wurde in New York auch noch ein Denkmal für Balto errichtet. »Dass Balto eine Statue erhält, ist mehr, als ich ertragen kann«, schrieb Seppala in seinen Erinnerungen.

Doch er und Togo wurden ebenfalls geehrt, wenn auch spät. Im Herbst 1926 reisten sie nach New York und wurden von 20 000 Zuschauerinnen und Zuschauern im Eishockey-Stadion empfangen. Dort wartete Roald Amundsen auf sie, der weltberühmte Polarforscher. Er hielt eine Rede auf Togo und legte ihm eine Goldmedaille um den pelzigen Hals.

Dass Togo nicht vergessen ist, zeigten in jüngster Zeit die Disney Film Studios. Fast hundert Jahre nach der spektakulären Rettung produzierten sie einen Film über ihn – als den wahren Helden des »Serum Run to Nome«. In Langversion.

Roselle
und der Horror von 9/11

Auch wenn die Welt ringsum einstürzt: Ein guter Blindenführhund macht seinen Job. So wie Roselle am 11. September 2001, die mit ihrem Halter aus dem brennenden Nordturm des World Trade Centers fliehen muss.

Roselle schnarcht. Sie hat eine schlimme Nacht hinter sich und muss Schlaf nachholen. Eingerollt wie ein Donut liegt die mollige, cremefarbene Labradorhündin unter dem Schreibtisch von Michael Hingson. Es ist jetzt 7.50 Uhr am 11. September 2001. Die beiden befinden sich im Nordturm des World Trade Centers. Dort, im 78. Stock, liegt Hingsons Büro, der als Vertriebsleiter für einen Datensicherungsdienst arbeitet.

Der 51-Jährige steckt in den letzten Vorbereitungen zu einem Vortrag. Gleich beginnt ein Seminar mit Dutzenden Kolleginnen und Kollegen, bei dem er zur Einführung sprechen muss. Dabei hat auch er kaum geschlafen. Roselles Unruhe hat ihn nachts um halb zwei geweckt, zitternd und winselnd saß die Hündin neben seinem Bett. In der Ferne, noch kaum wahrnehmbar: Donnergrollen.

Roselle fürchtet sich maßlos vor Gewitter. Schon bevor die ersten Blitze zucken, gerät sie in Panik. Sie kann spüren, wie sich die Luft statisch auflädt, und dann beruhigen sie weder Streicheln noch gutes Zureden. Das Einzige, was ihr hilft, ist ein Rückzug in den Keller. Dorthin dringt das Gewitter nur noch gedämpft. Also schlug Hingson in der Nacht seine Bettdecke zur Seite, behutsam, um seine Frau nicht zu wecken, stand auf, griff sich den Bademantel und wanderte mit dem schlotternden Hund treppab ins Arbeitszimmer im Souterrain. Er schaltete den Rechner an und begann, an seinem Vortrag zu feilen. Roselle plumpste erleichtert vor seine Füße. Ihr Herzschlag beruhigte sich, und langsam ließ auch das Zittern nach.

Jetzt also döst sie unter dem Schreibtisch im Büro. Als Assistenzhund darf sie überall dabei sein, ihr Halter ist seit frühester Kindheit blind. Dass Hingson ein Leben führen kann, das sich kaum von dem eines sehenden Menschen unterscheidet, liegt auch an den Blindenführhunden, die ihn seit langer Zeit begleiten. Roselle ist noch jung, gerade mal dreieinhalb Jahre alt. Aber ihren Job macht sie jetzt schon tadellos. Mit großer Ruhe lotst sie Hingson durch die Straßen von New York. Bringt ihn in jede U-Bahn, in jedes Gebäude, in jeden Aufzug. Sie arbeitet hochkonzentriert, lässt sich von nichts ablenken – solange es nicht blitzt und donnert.

Das Chaos bricht aus

Weil sie so tief schläft, bekommt Roselle von der Hektik im Büro nichts mit. David Frank hat den Raum betreten, er ist Hingsons Kollege. Die Zeit wird knapp, sie brauchen noch Unterlagen für das Seminar. Dann stoppt plötzlich der Drucker. Das Papier ist ausgegangen. Hingson steht vom Schreibtisch auf und geht zum Schrank mit den Büromaterialien. Genau in diesem Moment fährt ein ohrenbetäubender Schlag durch das Gebäude. Als wäre etwas explodiert. Etwas von gewaltigen Ausmaßen. Im nächsten Augenblick erfasst ein Zittern den Turm. Dann kippt der Boden weg. Das riesige Haus neigt sich zur Seite, Meter um Meter, als sei es kein Wolkenkratzer aus Stahl und Beton, sondern ein Bambusrohr, das der Wind niederdrückt. Oder als stünde da draußen King Kong, der die Turmspitze mit seiner Pranke gepackt hat, um sie beiseitezuschieben.

Eine Explosion, denkt Hingson. »Ein Erdbeben!«, schreit David Frank. Doch Hingson weiß, dass das nicht stimmen kann. Er ist in Kalifornien aufgewachsen, in einem seismisch aktiven Gebiet, er weiß, wie sich ein Erdbeben anfühlt. Dann wackeln die Häuser hin und her, aber sie neigen sich nicht meterweit zur Seite.

Platten fallen von der Zimmerdecke auf den Schreibtisch, unter dem Roselle liegt. Rechner stürzen zu Boden, aus den Regalen kippen die Ordner und Dokumentenmappen. All das geschieht binnen Sekunden. David Frank hält sich am Schreibtisch fest, Hingson klammert sich an den Büroschrank, während immer mehr Teile von der Decke prasseln. Mit einem Mal stoppt die Seitwärtsbewegung des Turms. Statt zu kollabieren, richtet er sich wieder auf, steht für einen Augenblick aufrecht und sackt dann um ein oder zwei Meter ab. Die Dehnungsfugen des Gebäudes haben sich zusammengezogen.

Was sich im selben Moment vor den Fenstern abspielt, kann Michael Hingson nicht sehen. Draußen wirbeln unzählige Papierblätter durch die Luft. Glassplitter regnen vom Himmel. Frank schreit, dass er Feuer sieht und wie sich Wolken aus Rauch zusammenballen. Brennende Gegenstände stürzen in die Tiefe.

Da spürt Hingson in all diesem Chaos plötzlich einen warmen Körper an seinem Hosenbein. Roselle hat sich neben ihn gestellt. Sie, die sich zu Tode fürchtet bei jedem Donnerschlag, bleibt vollkommen ruhig und wartet auf seine Kommandos. Hingson greift nach dem Führgeschirr.

Es ist etwas Schreckliches passiert. Doch was genau, lässt sich im Moment nicht feststellen. Jetzt zählt nur: rauskommen, so schnell wie möglich, und zwar über die Treppe. Das weiß Hingson noch aus den Brandschutzübungen, die er regelmäßig besucht: nie den Aufzug nehmen, wenn es einen Notfall gibt. Aber von hier oben sind es 1463 Stufen bis hinab ins Erdgeschoss, während gerade Gott weiß was geschieht. Und noch etwas ist Hingson klar: Damit Roselle ihn führen kann, muss er selbst ruhig bleiben. Er darf sich seine Angst nicht anmerken lassen. Sonst riskiert er, dass sein Hund die Konzentration verliert und ebenfalls panisch wird. Seine Stimmung, seine Furcht übertragen sich direkt auf das Gemüt des Hundes.

Hingson hat als blinder Mann jahrzehntelange Erfahrung damit, seine Ängste im Zaum zu halten. Den Nordturm kennt er in- und auswendig. Dutzende Male ist er ihn mit seinem Blindenstock abgelaufen, allein, ohne Hund und auf allen verschlungenen Wegen, die es in diesem Gebäude gibt. Dass er sich so gut auskennt, verleiht ihm Sicherheit, sogar jetzt, in diesem völlig aus der Kontrolle geratenen Moment.

Auch Roselle lässt weiterhin keine Anzeichen von Angst erkennen, und das wiederum beruhigt Hingson. Wenn Roselle nicht anzeigt, dass sie in unmittelbarer Lebensgefahr sind, dann können sie es aus dem Turm schaffen. Und das sagt er jetzt auch seinem Kollegen, der wieder zu schreien begonnen hat.

»Bleib ruhig, David«, sagt Hingson. »Roselle bringt uns raus. Wir dürfen jetzt nicht die Nerven verlieren.«

Zu dritt verlassen sie den Büroraum und treten hinaus in die Lobby. Hier im 78. Stock enden die großen Expressaufzüge, die im Erdgeschoss starten. Wer im Turm weiter nach oben will, wechselt in diesem Stockwerk den Fahrstuhl und nimmt einen kleineren, der bis zur 110. Etage hinauffährt.

Überall rennen Leute umher, vor den Aufzügen ballen sich Menschenmassen. Aber die Lifte sind allesamt außer Funktion. Der Flugzeugeinschlag fünfzehn Stockwerke höher hat ein riesiges Loch in die Gebäudehülle gerissen und dabei die Hohlräume durchschnitten, in denen sich die Fahrstühle auf- und abbewegen.

Stufe um Stufe

»Voran«, sagt Hingson zu Roselle. Der Hund führt Hingson und Frank quer durch die Lobby zu einer Tür, bahnt sich seinen Weg durch eine hektische, chaotische Menschenmenge. Hinter der Tür liegt eines der drei Treppenhäuser des Nordturms. Ein paar Leute haben sich dort bereits versammelt. Jemand macht die Tür auf, und gemeinsam betritt die Gruppe den Gebäudeschacht, nimmt im Gänsemarsch die ersten Stufen nach unten. Hingson hält sich rechts am Treppengeländer fest, links umklammert er den Griff von Roselles Führgeschirr. Die Hündin setzt ruhig und gleichmäßig Pfote vor Pfote. Hingson beginnt stumm zu rechnen: In jedem der 78 Stockwerke gibt es neunzehn Stufen. Angenommen, sie brauchen eine Sekunde pro Stufe: Wie lange wird es dauern, bis sie gerettet sind?

Irgendwo ist Feuer ausgebrochen. Er kann es riechen. Auch wenn er nicht sagen kann, woher der Geruch stammt. Und noch etwas kommt hinzu, etwas, das immer stärker wird, je länger sie sich im Treppenhaus aufhalten: Kerosin. Hingson riecht den Treibstoff aus dem Flugzeug, das den Nordturm getroffen hat, oberhalb des 93. Stockwerks. Es muss einen Unfall gegeben haben, denkt er, mit einem Flieger.

Während sie hinabsteigen, ist es seltsam still. Niemand sagt etwas in diesen ersten Minuten. Manchmal hört man gedämpfte Schreie aus dem Inneren des Gebäudes. Aber bislang hat es noch keinen Feueralarm gegeben und auch keine Durchsagen durch die Lautsprecher. Die Handys klingeln nicht, weil es im Treppenschacht keinen Empfang gibt. Roselle fängt an zu hecheln. Es wird spürbar wärmer im Treppenhaus, immer mehr Menschen drängen sich im Schacht. Doch die Hündin bleibt ruhig, führt Hingson konzentriert treppab. Der murmelt immer wieder: »Du machst das ganz prima, mein Mädchen. Guter Hund.«

Roselle nicht in Stress versetzen, die Angst in Schach halten und schon gar nicht panisch werden. Das ist das oberste Gebot. Denn es gibt etwas, das Hingson mehr als alles andere fürchtet: dass im Treppenhaus plötzlich das Licht ausgeht. Ihm kann die Dunkelheit nichts anhaben. Aber Sehende, die in einer solchen Situation schlagartig blind werden, geraten in Todesangst, rennen alles über den Haufen. Dann hat er keine Chance mehr, lebend aus dem Turm zu kommen. Deshalb fährt er auch sofort seinem Kollegen über den Mund, als der zu weinen beginnt und sagt, dass sie es niemals schaffen werden.

»Hör auf, David«, sagt er. »Roselle und ich können diese Treppen hinuntergehen. Dann kannst du das auch.«

Frank verstummt. Er atmet schwer, holt tief Luft. Dann sagt er: »Ich weiß, was ich mache. Ich gehe voraus und sage dir alles, was ich sehe. Das lenkt mich ab, und du weißt, was kommt.«

»Gute Idee«, sagt Hingson, »mach das.«

Und so geschieht es. Nach jedem Stockwerk ruft Frank nach oben: »71. Etage, alles in Ordnung.« – »70. Etage, auch alles frei.« – »69. Stock, ok!«

Wie wichtig das ist, was Frank da macht, begreift Hingson erst im Nachhinein. Im Treppenhaus ist es bald so brechend voll, dass es auf den Stufen zu Stauungen kommt. Aber Franks Ansagen wirken beruhigend auf alle. Dabei wird es heißer und enger im Schacht. Hingson und sein Hund kleben fast aneinander. Roselle hat nicht den Raum um sich, den sie braucht, um einen Menschen gut führen zu können, sie stößt überall gegen Waden und Hosenbeine. Manchmal hastet jemand an ihr vorbei, dann trifft ein Schuh ihre Schnauze. Aber sie führt Hingson so gelassen, als sei dies nur ein besonders dicht gedrängtes Treppenhaus in einem Einkaufszentrum. Unbeirrbar nimmt sie Stufe um Stufe.

Ein paar Stockwerke tiefer kämpft sich ein zweites Hund-Mensch-Team durch den Gebäudeschacht. Es sind Omar Rivera und sein Blindenführhund Salty. Als das Flugzeug in den Turm krachte, rannte der dunkelblonde Labradorrüde in seiner Verstörung erst einmal davon. Er floh durch die Gänge des

Großraumbüros im 71. Stock, in dem Rivera geschockt bis ins Mark saß und genauso wenig begriff, was da gerade passiert war. Doch Salty fasste sich wieder und lief zu seinem Menschen zurück, setzte sich zitternd neben dessen Beine. Rivera streifte ihm das Führgeschirr um und betrat mit seinem Hund das Treppenhaus. Und nun marschieren auch diese beiden abwärts. Gleichfalls darum bemüht, nicht die Nerven zu verlieren.

Im 68. Stock klappt Michael Hingson seine Uhr auf. Er tastet nach den Zeigern und stellt erschrocken fest, dass es gerade mal neun Uhr ist. Fünfzehn Minuten sind seit dem Einschlag vergangen, ohne dass er weiß, was passiert ist. Niemand hier drin hat irgendwelche Informationen. Und so bekommt auch niemand mit, dass drei Minuten später das zweite Flugzeug im benachbarten Südturm einschlägt. Der Aufprall ist nicht zu hören, sie sind wie abgeschirmt von all dem Geschehen da draußen.

Dann gerät der Abwärtsstrom plötzlich ins Stocken. Eine Frau kann nicht weitergehen. Sie klammert sich ans Geländer, versucht, ruhig zu atmen. Hingson ist fast genau hinter ihr. Er hört ihre zitternde Stimme und spürt, dass sie gegen eine Panikattacke ankämpft. Einige Leute auf der Treppe haben sich um sie geschart, reden beruhigend auf sie ein. Da drängelt sich Roselles Kopf zwischen all den Hosenbeinen nach vorn. Eine warme Nase stupst den Handrücken der Frau an, einmal, zweimal, sacht und beharrlich.

Langsam wendet sich die Frau dem Hund zu. Blickt hinab in Roselles goldgelbe Augen, zeigt ein zaghaftes Lächeln. Und dann beginnt sie, den Kopf der Hündin zu streicheln, krault die weichen Ohren, streicht ihr mit den Fingern über die Stirn. Kommt allmählich wieder zu Atem. Muss noch mehr lächeln, als Roselles Rute klopfend gegen einen Mantel schlägt. Sie atmet tief durch. Kann den Arm eines Mannes greifen und die nächste Stufe hinuntergehen. Mit ihr setzt sich die Schlange wieder in Bewegung. Und Michael Hingson, der unbedingt verhindern will, dass noch jemand panisch wird, macht einen dünnen Witz über die Heilkraft des Treppensteigens. »Das hier bringt uns richtig gut in Form«, sagt er laut, »heute Abend muss niemand mehr ins Fitnessstudio.« Er hört gedämpftes Lachen.

Bitte bleiben Sie stehen

Als sie im 31. Stock sind, ruft David Frank nach oben, dass Feuerwehrleute kommen. In voller Montur stürmen sie im Laufschritt nach oben, dick eingepackt in ihre Schutzausrüstung. Während die ersten Männer an Hingson vorbeirennen, bleibt einer stehen. Spricht Hingson an.

»Warten Sie hier«, sagt er. »Sie brauchen Hilfe. Wir holen jemanden, der Sie begleitet.«

»Danke«, erwidert Hingson. »Aber das ist nicht nötig, ich habe meinen Führhund. Wir kommen klar.«

»Wir wollen, dass Sie sicher nach unten kommen«, sagt der Feuerwehrmann, und seine Stimme klingt entschieden. »Sie bleiben hier bitte stehen, wir schicken jemanden herauf.«

Michael Hingson kennt das schon. Er weiß, dass jemandem, der blind ist, auch sonst nicht viel zugetraut wird. Aber er will mit Roselle den Turm verlassen und auf gar keinen Fall Zeit verlieren. Und deshalb sagt er: »Mein Kollege ist doch bei mir, er passt auf mich auf.«

Wie auf ein Stichwort taucht David Frank von unten auf. Er hat mitbekommen, dass Hingson ihm nicht mehr folgt, und will nachsehen, was los ist. Als er Hingsons Worte hört, sagt er zu dem Feuerwehrmann: »Ja, ich bin da. Ich bin sein Kollege, ich kümmere mich um ihn.«

Das scheint den Feuerwehrmann zu überzeugen. Er nickt, streichelt über Roselles Kopf und steigt seinen Kollegen hinterher, hinauf in den zerschossenen Turm.

Heute weiß man, wie wenig Zeit Hingson, Roselle, Frank, Rivera, Salty und all die anderen, die mit ihnen treppab gehen, noch haben. 570 Stufen trennen sie in diesem Augenblick vom Erdgeschoss. Um 10.28 Uhr wird das Gebäude einstürzen, eine knappe halbe Stunde nach dem Südturm, der um 9.59 Uhr zusammenbricht. Wer dann nicht im Freien ist, hat kaum noch eine Chance.

Während Michael Hingson ganz auf Roselles Führung vertraut, entscheidet sich Omar Rivera ein paar Etagen tiefer, Salty von der Leine zu lassen. Der Hund soll sich in Sicherheit bringen, nicht weiter an seinen Menschen gebunden sein. Als Rivera den Karabinerhaken von Saltys Halskette löst, läuft der Rüde los, wie befreit. Das Gestänge des Führgeschirrs schwankt auf seinem Rücken. Doch nachdem er einige Stufen nach unten gelaufen ist, kehrt er um. Klettert hinter den Beinen der Feuerwehrleute wieder hinauf, bis er Rivera erreicht hat und ihm mit einem Stupser seiner Schnauze anzeigt, dass er neben ihm steht. Dass er ihn führen will. »Als habe er mir sagen wollen«, erzählt Omar Rivera viele Jahre später, »ich bin bei dir, egal, was passiert. Wir machen das zusammen.«

Die Staubwolke

Roselle hechelt schwer. Sie hat furchtbaren Durst. Es geht jetzt durch das Gedränge nur noch schrittweise voran. Mit einem Mal werden von unten Wasserflaschen hochgereicht, die aus einem geplünderten Getränkeautomaten stammen. Hingson nimmt ein paar Züge aus einer Flasche und hält sie dann Roselle hin, kippt sie leicht, sodass die Hündin an das Wasser herankommt. Ihre Nase ist heiß, sie trinkt gierig.

Kurz darauf ruft David Frank, laut und erleichtert: »Wir sind im ersten Stock!« Nur noch ein Treppenabsatz, nur noch wenige Stufen liegen vor ihnen, dann stehen sie tatsächlich in der Eingangshalle des Nordturms. Der Boden hier ist spiegelglatt. Hingsons Füße schlittern über die Fliesen. Die Sprinkleranlagen haben alles unter Wasser gesetzt. Roselle fängt fast sofort an zu trinken, schleckt mit der Zunge über den Boden, bis Hingson einfällt, dass das Wasser verseucht sein könnte. Verschmutzt durch die vielen Trümmerteile, vielleicht auch durch das Kerosin. Er zieht den Kopf der Hündin hoch. »Voran«, sagt er und versucht, die Balance auf dem rutschigen Boden zu halten. Der Abstieg durch das Treppenhaus hat rund eine Dreiviertelstunde gedauert.

Jetzt hören sie in greller Schärfe, was bislang nicht bis zu ihnen durchdrang: jaulende Sirenen, Schreie überall, Getöse auf den Straßen. Ein Beamter taucht auf und schickt sie durch eine Drehtür in ein benachbartes Einkaufszentrum. David Frank, Michael Hingson und Roselle verlassen den Nordturm, hasten durch das leere, hallende Gebäude und erreichen die Ausgänge am anderen Ende. Und dann, endlich, stehen sie im Freien.

Hingson spürt die Sonne auf seinem Gesicht. Sind sie in Sicherheit? Noch immer wissen sie nicht, was passiert ist. »Es brennt im Südturm«, sagt Frank, der den Kopf in den Nacken gelegt hat.

»Im Südturm?«, fragt Hingson entgeistert. »Warum im Südturm?«

Und dann sagt er, weil ihn plötzlich die nackte Angst packt: »Lass uns weg hier!«

Er hat recht, er weiß es nur noch nicht. Sie stehen neunzig Meter vom World Trade Center entfernt, als um Punkt 9.59 Uhr der erste der beiden Türme in sich zusammenstürzt. Innerhalb von Sekunden umwallt sie eine dicke, beißende Staubwolke. Der donnernde Einsturz des Südturms lässt die Straße erzittern. »Voran!«, schreit Michael Hingson, reißt an Roselles Führgeschirr. Die Hündin rennt los und er mit ihr. Als würde hinter ihnen ein Berghang explodieren, prasseln Steine auf sie herab. Hingson, Roselle und Frank jagen durch die Straßen, versuchen, der Schuttwolke zu entkommen, atmen Staub. Frank kann noch nicht mal seine Hand erkennen, die er sich schützend über die Augen legt.

Schreiend gibt Hingson seine Kommandos, ohne zu wissen, ob Roselle ihn überhaupt hören kann. Sie müssen in irgendein Gebäude hinein, weg von der Straße, raus aus dem Staub.

»Rechts!«, schreit er, »rechts!«, weil er eine Wand an seiner rechten Schulter spürt. Roselle soll ihn an diesem Gebäude entlangführen. Vielleicht stoßen sie bald auf eine Öffnung, mit Glück auf eine Tür. Hingson ruft weiter »Rechts!«, das Kommando für die Hündin, sofort abzubiegen, sobald sich ein Loch in der Wand auftut.

Dann bleibt Roselle abrupt stehen. Hingson kann spüren, dass sich neben ihm keine Wand mehr befindet. Sie stehen an einer Treppe, die nach unten führt. In einen U-Bahn-Schacht.

Das ist der erste Ort an diesem Morgen, der Sicherheit verspricht. Durch den dicken Staub hindurch kann David Frank das U-Bahn-Schild lesen. Sie sind an der Station Fulton Street. Als sie unten im Bahnhof ankommen, hilft ihnen ein Mitarbeiter der Verkehrsbetriebe weiter, bringt sie zu einem Umkleideraum. Dort sitzen schon andere Gestrandete, es gibt Trinkwasser und Bänke, um sich auszuruhen. Roselle plumpst vor Hingsons Füßen wie ein Stein zu Boden. Erst jetzt zeigt sie an, wie erschöpft sie ist. Sie hat keine Kraft mehr.

Oben über ihren Köpfen verändert sich Manhattan für alle Zeiten. Eine halbe Stunde nach dem Südturm bricht auch der Nordturm zusammen. Wo die Zwillingstürme des World Trade Centers standen, breitet sich ein gigantisches Trümmerfeld aus. Tausende Menschen stürzen in den Tod oder werden unter Schutt und Geröll begraben. Aber Michael Hingson, David Frank und Omar Rivera gehören nicht dazu. Sie haben sich retten können – dank zweier Hunde, die ihren Job machten.

Jo-Fi

Die rechte Pfote von Sigmund Freud

Erst mit Ende sechzig entdeckt Sigmund Freud, wie sehr er Hunde liebt. Aber nicht nur das: Er erkennt auch ihren therapeutischen Nutzen – dank seiner Chow-Chow-Hündin Jo-Fi. Sie wird zum ersten Therapiebegleithund der Geschichte.

So hat sich der neue Patient das nicht vorgestellt. Eben noch ist er freundlich von der Haushälterin in die Wohnung gebeten worden. Doch vor dem Behandlungsraum begrüßt ihn statt des Doktors ein rundlicher Hund. Was heißt: begrüßt – es ist ein frostiger Empfang. Zuerst verstellt ihm die Chow-Chow-Dame den Zutritt ins Zimmer. Als Nächstes schnuppert sie an seinen Hosenbeinen und lässt ein Knurren hören. Danach dreht sie sich um und verschwindet unter einem massigen Schreibtisch. Dahinter sitzt Sigmund Freud, der weltberühmte Seelenarzt, und verzieht keine Miene. Unschlüssig bleibt der Besucher in der Tür stehen.

Nach einer Pause erhebt sich Freud aus seinem Stuhl und bittet den Mann herein. In seinem Kopf hat sich da schon die erste Diagnose gebildet. Sie ist nicht vorteilhaft. Entweder taugt dieser Patient nicht für die Psychoanalyse oder er ist auf andere Weise suspekt. »Wen Jo-Fi nicht mag, mit dem stimmt etwas nicht.« Daran glaubt Freud fest.

Das ahnt der Besucher aber nicht, der sich nun auf die Couch legt, die Augen schließt und sich auf sein Innenleben konzentriert. Jo-Fi kommt erst wieder zum Vorschein, als exakt fünfzig Minuten verstrichen sind, die verabredete Dauer einer Sitzung. Sie schüttelt ihren orangefarbenen Pelz, läuft zur Tür und wufft. Freud braucht in seiner Praxis keine Uhr. Er hat seine Hündin. Und diese Hündin ist nicht nur imstande, die Zeit genau anzuzeigen, sie kann noch viel mehr: Sie durchschaut das Wesen von Menschen. Der Arzt verlässt sich auf das, was sie wahrnimmt. Und auch auf das, was sie in seinen Besucherinnen und Besuchern auslöst.

Späte Liebe

Das ist höchst ungewöhnlich, denn zu dieser Zeit, in den 1930er-Jahren, gibt es das noch gar nicht: eine therapeutische Begleitung durch Tiere. Sie zu Heilzwecken einzusetzen, wie es später vielfach geschehen wird, käme niemandem in den Sinn. Noch nicht einmal Sigmund Freud, dem »Kolumbus der Seele«, der die Innenwelten seiner Patientinnen und Patienten bereist und ans Licht holt, was seinen Zeitgenossen verborgen bleibt. Dass Hunde einen enormen Einfluss auf das menschliche Befinden haben können, erkennt Freud erst im letzten Jahrzehnt seines Lebens. Und das ist kein Wunder: Bis dahin hat er mit Hunden nichts am Hut gehabt, in seinem Haushalt wohnt kein einziges Tier. Was auch an seiner Ehefrau Martha liegt, die Hunde verabscheut. In ihren Augen sind das Ungeheuer, die Dreck ins Haus schleifen, überall Haare verteilen und nach einem Regenguss stinken, dass es nicht auszuhalten ist.

Doch eines Tages, da ist Freud schon 69 Jahre alt, verfügt er aus Angst um seine Tochter Anna, dass ein großer Schäferhund ins Haus kommt. Der Hund heißt Wolf. Sein Anblick hat etwas Einschüchterndes an sich – und das ist durchaus gewollt. Wolf soll Anna auf ihren abendlichen Spaziergängen beschützen. Sie ist Freuds jüngstes Kind, lebt mit ihren dreißig Jahren noch immer bei den Eltern und streift des Nachts gern durch die Gassen von Wien. Nun jedoch unter grimmiger Aufsicht.

Dass mit Wolf eine neue Zeitrechnung anfängt, ist allerdings nicht beabsichtigt. Während Marthas Abneigung stetig wächst, stellt Sigmund Freud mit Verwunderung fest, dass er den Hund immer stärker ins Herz schließt. Und auch, dass das Tier seiner Seele guttut. Wolf um sich zu haben, lässt ihn wieder froh werden. In jüngster Zeit hat er heftige Schicksalsschläge hinnehmen müssen. Zwei Jahre vor Wolfs Einzug hat Freud die Diagnose Mundhöhlenkrebs erhalten, womöglich eine Folge seiner starken Nikotinsucht. Er raucht täglich um die 20 Zigarren und scheitert mehrmals bei dem Versuch, sich das Rauchen abzugewöhnen. Jetzt wuchern in seinem Rachen die Geschwüre. Immer wieder muss er operiert werden und zudem eine schmerzhafte Gaumenprothese tragen. Die deckt den Wundherd ab, erschwert aber das Sprechen und Essen. Und dann stirbt im selben Jahr auch noch sein Lieblingsenkel Heinerle im Alter von vier Jahren. Ausgerechnet dieses Kind, das er liebt wie kein zweites. Es hat »den Platz aller meiner anderen Kinder und Enkelkinder eingenommen«, schreibt er in einem Brief. Nach Heinerles Tod verliert Freud seinen Lebensmut. Er kümmert sich kaum noch um die anderen Enkel und erstickt fast an seiner Trauer.

Doch dann kommt Wolf. Und mit Wolf kehrt die Freude zurück, als wäre plötzlich die Sonne mit Macht durch die Wolken gebrochen. Alle in der Familie – die Ehefrau, die Schwägerin, die Tochter, die Hausmädchen – sehen ungläubig mit an, wie Freud aufblüht. Und wie alles, was ihn lachen lässt, mit diesem Tier zu tun hat. Es reicht, ihm zum Geburtstag ein Bild von Wolf zu schenken, und Freud ist selig. Dieser Hund, schreibt er an eine Kollegin, »ersetzt mir fast das verlorene Heinerle«. Aber wie ist das möglich: dass einem Tier gelingt, was keinem Menschen glückt, weder Tochter noch Ehefrau? Dass Freud wieder Lust auf das Leben bekommt?

Darauf gibt es keine Antwort. Noch erforscht niemand den Einfluss von Hunden auf das menschliche Befinden. Für Anna liegt die Sache dennoch auf der Hand: Freud braucht einen eigenen Hund, egal, wie sehr sich die Mutter auch dagegen sträubt. Hier geht es um das Seelenheil ihres Vaters. Und so schenkt sie dem 72-Jährigen seinen ersten Chow-Chow namens Lün, ein Tier aus der Zucht ihrer Lebensgefährtin. Schon allein die Rasse löst in Freud ungekannte Glücksgefühle aus. Dieser löwenartige Kopf! Diese Haltung! Der Hund ist unabhängig und stolz. Seine Liebe muss man sich erst verdienen. Doch wer das schafft, erhält Zuneigung pur. Keine widersprüchlichen, komplizierten Gefühle, wie Freud sie aus seiner Praxis kennt.

Singen mit Jo-Fi

Nur eines kann Freuds erster Hund nicht: lange am Leben bleiben. Fünfzehn Monate nach ihrem Einzug in den Wiener Haushalt reißt Lün aus, läuft auf Eisenbahngleise und wird von einem Zug erfasst. Wieder ist der Arzt am Boden zerstört. Einen Ersatzhund will er nicht haben, dafür ist der Schmerz zu groß. Auch Martha schickt Stoßgebete zum Himmel, dass sie von weiteren Tieren verschont bleibt. Der stinkende Wolf reicht ihr zur Genüge.

Doch dann, ein halbes Jahr nach Lüns Tod, reist Martha Freud für ein paar Tage ins ferne Berlin, um ihren Sohn Ernst zu besuchen. Als sie wieder nach Hause kommt, trifft sie fast der Schlag. Da sitzt ihr Mann im Arbeitszimmer, wiegt einen Chow-Chow auf seinen Knien, die Hände tief im Hundefell vergraben, und summt Opernarien. Dabei geht er nie in die Oper, ganz egal, wie sehr Martha sich das auch wünscht. In ihrem Haus ist es stets totenstill, weder auf Instrumenten noch auf einem Grammofon erklingt hier jemals Musik. Aber kaum ist dieser Hund da, fängt Freud an zu singen.

»Dieser Hund« heißt Jo-Fi und stammt aus derselben Zucht wie der verunglückte Chow-Chow. Erneut ein Geschenk Annas, kurzerhand überreicht, als die Gelegenheit günstig und die Mutter nicht in Wien ist. Martha Freud streckt die Waffen. Gegen den Willen des Hausherrn wagt sie keinen Protest. Er würde auch nichts nützen: Längst steht Jo-Fi im Mittelpunkt und beansprucht Freuds ganze Aufmerksamkeit. Sie sitzt bei Tisch neben ihm, lässt sich Essen zustecken, und später bekommt sie in der Küche die Reste von seinem Teller, weil er kaum noch etwas zu sich nimmt. Sie liegt zu seinen Füßen und lässt sich das Fell streicheln, während er an seinen Büchern schreibt. Und wenn Freud seinen Mittagsschlaf auf der Analyse-Couch macht, hopst sie zu ihm auf die Decke und kuschelt sich an seine Beine. Manchmal hört die Haushälterin seltsame Geräusche aus dem Sprechzimmer: Dann summt der Herr eine Arie aus »Don Giovanni« und der Hund brummelt dazu.

Seltsam sind auch manche Formulierungen, die Freud niederschreibt, um seine Gefühle zu ordnen: »Sie ist ein entzückendes Geschöpf«, heißt es in einem Brief an eine Freundin, »so interessant, auch als Frauenzimmer, wild, triebhaft, zärtlich, intelligent und doch nicht so abhängig, wie andere Hunde sein können. Man wird den Respekt vor solchen Tierseelen nicht los.«

Der Psychoanalytiker hat die innere Welt eines Hundes entdeckt und ist damit seiner Zeit weit voraus. In einer seiner letzten Schriften gesteht er den »höheren Tieren« eine ähnlich komplexe Seele zu, wie Menschen sie haben. Es sei die künftige Aufgabe der Tierpsychologie, schreibt er, sich dieser Seelenlandschaft zu widmen – viele Jahrzehnte bevor die Wissenschaft sich überhaupt dazu durchringen kann, einem Tier Gefühle zuzugestehen, geschweige denn eine Seele. Aber Freud fühlt sich Jo-Fi eng verwandt. Dass sie zwei verschiedenen Arten angehören, ändert daran gar nichts. Zwischen ihm und ihr gibt es, so schreibt er, »eine innige Verwandtschaft, eine unbestrittene Zusammengehörigkeit«.

Doch den Hund zu vermenschlichen, das kommt nicht infrage. Eines Tages erwischt Freud seine Haushälterin dabei, wie sie vor der Hündin kniet und an ihr herumnestelt. Jo-Fi steckt schon in einem Pullover und bekommt gerade ein Mützchen aufgesetzt. »Was machen Sie denn da?«, ruft Freud entgeistert. »Das Tier ist doch kein Mensch!«

Die Co-Assistentin

Aber: Das Tier kann Menschen helfen, sogar im therapeutischen Sinne. Freud fällt auf, dass Jo-Fi seinen Patientinnen und Patienten guttut. Besonders bei Kindern ist das offensichtlich. Viele betreten eingeschüchtert den Behandlungsraum. Aber wenn die Hündin auf sie zukommt, sie beschnuppert und sich den Kopf streicheln lässt, verlieren sie ihre Befangenheit. Sie klettern unbekümmert auf die Couch und erzählen dem Arzt, was sie geträumt haben und wovor sie sich fürchten. Auch Erwachsene entspannen sich rascher, wenn Jo-Fi im Raum ist. Als Freud das einmal begriffen hat, lässt er seine Hündin an jeder Sitzung teilnehmen und nutzt gezielt die Wirkung, die sie auf seine Patienten hat. Drei Jahrzehnte bevor der Kindertherapeut Boris Levinson die tiergestützte Therapie entdeckt, setzt Freud sie bereits ein, mithilfe von Jo-Fi. Sie ist als erste Therapiebegleithündin der Geschichte tätig und ebnet einem neuen Einsatzgebiet von Hunden den Weg.

Aber nicht nur das. Freud erkennt auch das Potenzial der nonverbalen Kommunikation zwischen Mensch und Hund. Jo-Fi hat einen feinen Sinn für die Empfindungen der Besucherinnen und Besucher. Ähnlich wie ein Seismograf, der kleinste Erschütterungen im Boden auffängt, erspürt sie, was im Inneren der Patientinnen und Patienten vor sich geht. Sie nimmt ihre

Spannungen wahr, ihre unterdrückten Aggressionen und reagiert entsprechend: Ist jemand anlehnungsbedürftig, legt sie sich neben die Couch und lässt sich das Fell kraulen, obwohl sie alles andere als ein Kuscheltier ist. Bei einer aufgewühlten Person hält sie hingegen Abstand oder verzieht sich unter den Schreibtisch. Freud lernt, die Signale seiner Hündin zu deuten, und nutzt dieses Wissen für die Therapie. Manchmal spricht er sogar offen aus, wie er Jo-Fis Verhalten interpretiert: »Mit dem, was Sie sagten, ist sie nicht einverstanden«, sagt Freud eines Tages zu einem Kollegen, der sich von ihm analysieren lässt und unter einer Hundephobie leidet. Da hat Jo-Fi ungeduldig an der Tür gekratzt, um hinausgelassen zu werden. Ein andermal springt die Hündin ausgerechnet an diesem Patienten hoch. Der Mann erbleicht bis in die Haarwurzeln, was Freud mit den Worten kommentiert: »Sie freut sich, dass Sie die Ursache Ihrer Angst entdeckt haben.«

»Aber ich habe diesen Hund nicht bezahlt!«, entgegnet der Kollege ungehalten und zieht sich auf die Couch zurück, wo er gegen Hund und Herrn gleichermaßen wettert. Zornig, aber auch froh darüber, in diesem Raum seiner Wut freien Lauf lassen zu können.

Abschied von einer Seelengefährtin

Sieben Jahre lang begleitet Jo-Fi ihren Herrn durch das verschlungene Seelenreich seiner Patienten und durch die Abgründe seines körperlichen Verfalls. Als Freuds Ende näher kommt, weicht Jo-Fi nicht mehr von seiner Seite. »Sie zeigte mir ihre Zuneigung, als verstünde sie einfach alles«, schreibt der Schwerkranke in einem Brief. Es sind Höllentage, in denen der Krebs sich als unbesiegbar erweist. Immer neue dunkle Flecken erscheinen auf Freuds Wangen und zeigen die Entstehung weiterer Tumore an. Eine Operation folgt auf die andere und bringt doch keine Heilung.

Auch bei Jo-Fi nicht, die selbst schwer erkrankt und durch chirurgische Hilfe nicht zu retten ist. 1937 stirbt sie nach einem Unterleibseingriff an Herzversagen. Sie lässt einen todunglücklichen Seelenarzt zurück, der das Ausmaß seiner Trauer selbst kaum fassen kann. Zweieinhalb Jahre später folgt Freud seiner Seelengefährtin.

Bo

Ein großes, großes Spiel

Wenn der Bloodhound Bo spielen geht, rettet er Menschenleben oder findet Straftäter auf der Flucht. Dabei ist er erst seit Kurzem ausgewachsen. Inzwischen ist er auch ganz offiziell ein Held, dank seiner fantastischen Nase.

Sein Anblick zerreißt einem fast das Herz. Wie ein Häuflein Elend sitzt der Welpe im Gras. Das zerknautschte Gesicht ist noch viel zu klein für die vielen Falten, die sich um Stirn und Augen wölben. Auch die Schnauze muss erst noch hineinwachsen in all diese überschüssige Haut. Der acht Wochen alte Welpe wirkt wie ein Kind, das in der Jacke eines Riesen steckt. Und weil er ein Bloodhound ist, stimmen auch die Proportionen der Schlappohren noch nicht. Sie sind schon fast ausgewachsen und baumeln ihm hinab bis auf die Brust.

Aber der Kleine sieht nicht nur jämmerlich aus, er scheint sich auch so zu fühlen. Er fiept und winselt. Alles, was neu ist, macht ihm große Angst. Seine Mutter ist nicht mehr da, seine Geschwister sind auch verschwunden. Stattdessen wird er hochgehoben von einem fremden Mann.

David Rowland drückt das Fliegengewicht an seine Brust und kann das jagende Herz des Welpen spüren. Er ist den halben Tag gefahren, von North Carolina bis nach Kentucky, um Bo beim Züchter abzuholen. Und weil er eine Menge von Hunden versteht, schafft er es, den Welpen zu beruhigen. Er redet ihm gut zu, streichelt ihn behutsam und bringt ihn dann in sein neues Zuhause. Zu seiner Familie mit der kleinen Hobbyfarm, wo Hühner, Truthähne und Enten im Garten umherwandern. Und dann ist da ja auch noch Colt, ein alter Schäferhund, der früher mal Diensthund war.

Denn Sergeant Rowland leitet die Hundestaffel des Gastonia Police Departments, einer Wache im US-Bundesstaat North Carolina. Fünf Jahre lang war Colt sein Partner. Nun ist der Schäferhund im Ruhestand. Er genießt seine Freizeit, die Sonne auf dem Pelz – und auch, dass da ein Welpe angekommen ist, der ihn wieder zum Toben animiert. Der alte Hund adoptiert den jungen, und Bo fängt an, sein neues Leben zu genießen.

Niemand ahnt zu diesem Zeitpunkt im April 2023, dass der Kleine mit den vielen Sorgenfalten schon sehr bald ein Held sein wird. Dass sich sein Name in der Stadt Gastonia herumsprechen wird – und im Jahr darauf in den gesamten Vereinigten Staaten. Nicht mal David Rowland hätte sich das vorstellen können. Obwohl dem schon in den nächsten Wochen dämmert, was er sich da ins Haus geholt hat.

Fangen und Verstecken

Bos erste Tage bei den Rowlands beginnen überaus vergnüglich. Der Sergeant, sein neuer Freund, hat sich ein wunderbares Spiel ausgedacht: Jemand läuft in Windeseile weg und Bo darf hinterherrennen. Nach einem kurzen Sprint bleibt die Person stehen, lässt sich von dem Welpen einfangen und belohnt ihn mit einem Leckerchen. Das Beste daran: Nie wird das Spiel langweilig. Denn der Sergeant denkt sich immer neue Varianten aus, mit wechselnden Personen. Mal rennt der Flüchtende los, aber der Hund darf nur zuschauen und erst später nachsetzen. Oder der Läufer bekommt mehr Vorsprung. Die Distanz zwischen ihm und Bo vergrößert sich stetig. Bis zu dem Tag, an dem der Mensch wegläuft und nicht mehr zu sehen ist. Irgendwo hält er sich versteckt. Nur wo? Das soll Bo herausfinden.

Es ist ein herrliches, nie enden wollendes Spiel, das Rowland da mit seinem Hund veranstaltet. So sieht es der Welpe. Dabei ist es vom ersten Tag an Arbeit. Bo wird, kaum dass er bei den Rowlands lebt, zum Spürhund ausgebildet. Eines Tages soll er Menschen finden, mithilfe seiner Nase. Doch das Training wird nur dann erfolgreich sein, wenn der Hund begeistert bei der Sache ist. Wenn er glaubt, dass er spielen darf, obwohl es in Wahrheit um Leben und Tod geht.

Damit Bo lernt, seine Nase einzusetzen, darf er den Läufer nicht mehr sehen. Und tatsächlich: Kaum ist der Mensch außer Sicht, senkt der Bloodhound seine Schnauze, schnüffelt am Boden und nimmt die Verfolgung auf. Rowland bringt ihm ein Kommando bei, das mit der Suchaktion verknüpft ist. Wenn Bo hört: »Finde diesen Menschen«, weiß er genau, was er tun soll. Statt Fangen spielt er jetzt Verstecken.

Nach nur sechs Monaten Training kann der inzwischen nicht mehr ganz so kleine Bloodhound einen Geruch fast 2,5 Kilometer weit verfolgen. Ihm reicht eine Socke oder ein T-Shirt als Geruchsprobe. Und weil er so gut ist, bekommt er schon im Alter von acht Monaten sein Zertifikat als Polizeispürhund. Das ist selbst für einen Bloodhound – der Hunderasse mit der besten Nase von allen – ziemlich früh. Andere sind etwa ein Jahr alt, wenn sie ihren Dienst antreten. Doch Bo ist einsatzbereit. Und das erweist sich jetzt als großes Glück.

Der Ernstfall

Ende Oktober klingelt das Telefon bei den Rowlands. Es ist 23 Uhr. Der Sergeant hat Bereitschaftsdienst und döst auf dem Sofa. Die Wache meldet einen Notfall: Ein autistischer Junge von zwölf Jahren ist weggelaufen, vor etwa anderthalb Stunden. Die Suche der Eltern in der näheren Umgebung, bei den Nachbarinnen und Nachbarn, auf den Spielplätzen, hat nichts ergeben. »Du und Bo«, sagt der diensthabende Wachmann am Telefon, »ihr müsst raus und das Kind finden. Viel Glück!«

David Rowland springt in seine Stiefel, schnappt sich seine Jacke und hetzt mit Bo zum Auto. Aber die Fahrt verschlingt wertvolle Zeit. Bis Rowland und sein Hund bei den Eltern eintreffen, vergehen weitere anderthalb Stunden. Dabei tickt die Uhr. Je älter eine Geruchsspur wird, desto mehr verfliegt sie, desto stärker wird sie überlagert von anderen, frischeren Gerüchen. Aber Bo kann – wie alle Bloodhounds – einen Duft isolieren und ihn getrennt von anderen Duftspuren verfolgen. In seinem Gehirn speichert er den Geruch ab, um den es geht, und folgt ihm wie auf Schienen. Egal, ob eine Wurst im Weg liegt, eine Hündin seine Route kreuzt, eine Katze vor ihm davonstiebt. Sogar die langen, baumelnden Ohren helfen ihm bei der Fährtensuche. Sie fächeln beim Laufen Duftmoleküle der Spur in seine Nase.

Die Eltern des Jungen sind völlig aufgewühlt. Aber wenigstens wurde ihr Kind noch einmal gesehen. Und nun befindet sich das Suchteam mit Bo und Rowland an jenem Ort der letzten Sichtung. Ein Kissenbezug des Kleinen dient als Geruchsprobe. Rowland legt das Stück Stoff auf den Boden und lässt Bo daran schnuppern. Gibt ihm das Kommando: »Finde diesen Menschen.« Der Hund beginnt, hin- und herzulaufen, fahndet nach dieser speziellen Duftspur. Hat Bo einmal eine Fährte aufgenommen, ist er kaum noch zu halten. Er läuft an einer langen Leine, und Rowland muss zusehen, dass er mit ihm Schritt hält, weil Bo immer mehr beschleunigt. Normalerweise. Aber jetzt ist es zwei Tage vor Halloween. Überall in diesem Wohnviertel, in den Vorgärten, Einfahrten und vor den Häusern stehen furchterregende Objekte: Kürbisse mit Fratzen, flatternde Vogelscheuchen, blinkende Gespenster, die sich ruckartig bewegen und unheimliche Geräusche von sich geben. Bo hat so etwas noch nie im Leben gesehen. Und alles, was neu ist, erschreckt ihn. Er kämpft jetzt mit seiner Angst. Dabei hat er eine Fährte in der Nase.

Rowland sieht, wie sein Hund vorwärtszieht, wie sicher er einer Spur folgt. Und dann plötzlich bremst Bo ab, will nicht weiterlaufen, weil da wieder so eine Halloween-Kreatur im Weg steht. Seine Nerven spielen verrückt, er zittert am ganzen Leib. Hilfesuchend blickt er hoch zu seinem Menschen. Rowland kniet sich zu ihm, lässt die Beamten, die ihnen gefolgt sind, ein paar Meter zurücktreten. Er streichelt seinem Hund sanft über den Kopf. Wartet ab. Jetzt hilft nur Ruhe. Dann sagt er leise:

»Bleib cool, mein Junge. Ich bin bei dir.« Bo drückt sich an den Körper seines Freundes, schnuppert an Rowlands Gesicht. Die beiden kauern eng beieinander, Nase an Nase. Bis Rowland flüstert: »Du kannst das, Bo. Du bist ein toller Spürhund. Ich zähle auf dich. Finde diesen Menschen.«

Bos Schnauze sucht den Boden ab. Da ist er wieder, der Geruch. Erneut nehmen sie die Verfolgung auf, passieren weitere Straßen. Sie betreten Vorgärten, umrunden Häuser. Nach etwa 45 Minuten zieht Bo mit einem Mal mächtig an der Leine. Beginnt zu rennen. Die Duftspur muss so überwältigend sein, dass sie alles andere aus dem Bewusstsein des Hundes verdrängt, sogar die Angst. Ohne zu zögern überquert Bo eine Straße. Läuft hinein in einen Garten. Hält direkt auf eine Halloween-Dekoration zu. Denn dahinter kauert der verängstigte Junge. Will sich verstecken vor dem Chaos, das um ihn herum ausgebrochen ist. Die rennenden Menschen, ihr Rufen, die vielen Taschenlampen erschrecken ihn. Als die Polizisten schon ganz nah herangekommen sind, springt er auf und läuft davon. Aber der Garten umschließt ihn. Rowlands Kollegen holen ihn ein. Halten ihn fest, wollen ihn beruhigen. Doch der Kleine schreit und schreit. Erst als sein Blick auf Bo fällt, der hechelnd im Gras hockt, scheint sich etwas in ihm zu lösen. Rowland geht mit dem Hund langsam auf ihn zu. Der Junge streckt seine Hand aus, berührt Bos Kopf. Dann rückt er näher heran, streichelt das hellbraune Fell, während der Bloodhound geduldig dasteht, bis die Eltern des Kindes eintreffen.

David Rowland zerspringt fast vor Stolz. Er versucht, sich nicht anmerken zu lassen, wie sehr er sich über Bos Sucherfolg freut. Als die Kollegen ihm auf die Schulter klopfen, grinst er nur. Das hier ist sein Sieg über so viele Vorbehalte. Dass Bo überhaupt Polizeihund sein darf, war lange Zeit alles andere als ausgemacht. Die Hundestaffel besteht aus Schutzhunden, also solchen, die im Ernstfall zubeißen, die Verdächtige stellen. Spürhunde sind nicht vorgesehen, es gibt kein Budget für ihr Futter, ihre Ausrüstung und ihre medizinische Versorgung. Aber Rowland weiß, was diese Tiere leisten können. Ein Nein war keine Option. Er redete gegen die Skepsis an, überzeugte schließlich den Polizeichef. Eine Stiftung finanzierte den Kauf des Bloodhounds.

Und nun können alle Kollegen sehen, dass die Idee funktioniert. In einem Alter, in dem andere Hunde noch nicht mal dienstbereit sind, rettet sein Spürhund schon einen vermissten Jungen. Rowland kommt sich vor wie ein Vater, dessen Kind das entscheidende Tor beim Fußball schießt.

Die Pizzadiebe

Aber viel Zeit zum Jubeln bleibt dem Sergeant gar nicht. Kurz nach Halloween besteigen Rowland und Bo wieder einen Streifenwagen. Der Hund ist jedes Mal aus dem Häuschen, wenn das Polizeiauto vorfährt. Denn das heißt für ihn: Er darf wieder raus zum Spielen. Nun geht es um einen alten demenzkranken Mann, der aus dem Pflegeheim weggelaufen ist. Der Spürhund hat keine Mühe, ihn zu finden. Doch schon der nächste Einsatz wird riskant. Bo macht Bekanntschaft mit Kriminellen.

Wenige Tage nach Weihnachten, am helllichten Tag und mitten in der belebten Innenstadt von Gastonia, überfallen zwei jugendliche Räuber eine Pizzabotin, die gerade dabei ist, Essen auszuliefern. Sie rauben ihr nicht nur das ganze Geld, das sie bei sich trägt, sondern auch die Pizzakartons. Anschließend rennen sie mit der Beute die Hauptstraße entlang. Niemand hält sie auf.

Dabei wimmelt es hier vor Menschen. Als Rowland und Bo eintreffen, hält gerade ein Schulbus und setzt Dutzende Kinder ab. Etwa vierzig oder fünfzig Personen, Kinder wie Erwachsene, laufen kreuz und quer über die Straße, platzieren ihre Duftmarken über die Fußspuren der Geflüchteten. Eine Geruchsprobe, die Bo eindeutig sagen könnte, wonach er suchen soll, gibt es nicht. Nur einen Tatort, der jetzt abgesperrt ist. Von dort sind die Räuber losgerannt. Rowland hofft inständig, dass die Stelle nicht zu sehr durch andere Gerüche kontaminiert ist. Dass Bo überhaupt eine Chance hat, eine Fährte aufzunehmen. Der Hund schnüffelt intensiv im niedergetrampelten Gras. Er nimmt die Moleküle von Schweiß, Sekreten und Hormonen wahr, sogar von Ohrenschmalz und vom spezifischen Hautgeruch einer Person. In seinem Gehirn setzt sich all das zu einem Puzzle zusammen und wird zum Abbild einer einzigen Spur. *Dieser* Spur.

Und dann geht es los. Bo trabt durch die Kindergruppe hindurch. Kommt an der Postbotin vorbei, umrundet Passantinnen und Passanten. Läuft zielsicher die Hauptstraße entlang in Richtung Stadtautobahn, entfernt sich mehr und mehr von der Innenstadt. Die ersten Blocks eines Wohnviertels tauchen auf, das im Police Department verrufen ist, weil es dort häufig zu Einsätzen kommt. Es ist eine raue Gegend. Doch der Hund scheint genau zu wissen, welchen Weg er nehmen muss. Es wirkt, als habe er einen Stadtplan im Kopf, mit einem dicken roten Kreuz an der Stelle, an der sich die Räuber befinden.

Etwa zwanzig Personen stehen an einer Straßenecke zusammen, als das Gespann aus Spürhund und Polizist auftaucht, dem weitere Beamte folgen. Rasch zerstreut sich die Gruppe, doch Bo beachtet sie gar nicht. Er steuert ein Haus an, zwei Blocks weiter. Springt in großen Sätzen auf die Veranda. Und nun kann Rowland dabei zusehen, wie sein Hund versucht, durch die Eingangstür zu kommen. Bo stellt sich auf die Hinterläufe, drückt mit den Vorderpfoten gegen die Tür, schnüffelt rechts und links an den Seiten. Der Geruch, den er sucht, befindet sich genau hinter dieser Barriere. Ohne jeden Zweifel.

Als die Einsatzkräfte in das Haus eindringen, finden sie dort tatsächlich die Pizzadiebe vor. Die Essenskartons sind sogar noch unberührt. Weil einer der Räuber am Vortag volljährig geworden ist, wird er festgenommen. Bo dagegen ist mit seinen zehn Monaten immer noch nicht ausgewachsen. Die Presse bekommt Wind von der Sache und schreibt: »Welpe schnappt Pizzabande.«

On and Off

Zu Hause ist Bo in einer anderen Welt. Zu Hause wartet Colt auf ihn. Und die Hühner, die immer Radau machen, sobald Bo angerast kommt. Er springt vor ihrem Zaun auf und ab, bellt lauthals und schnappt vor Begeisterung fast über, wenn die Vögel aufgescheucht herumrennen, ihn angackern und wild mit den Flügeln schlagen. All das passiert ja nur, weil er da ist! Als Nächstes nimmt er sich Colt vor. Der versucht erst, den Wildfang zur Seite zu schieben. Aber Bo ist kein Wicht mehr. Er hat erheblich an Größe und Masse zugelegt. Colt wiederum hat als ehemaliger Diensthund jede Menge Erfahrung mit Rowdys und weiß sich zu wehren. Nachdem die beiden ausgiebig miteinander gerangelt haben, sprinten sie los, runter zum Hühnerzaun, um noch einmal das Federvieh aufzumischen, Seite an Seite.

Rowland ist froh, dass Bo so etwas wie einen An- und Ausschalter in seinem Kopf besitzt. Dass er weiß, wann sein Dienst vorbei ist. Und dass er sich zu Hause in einen unbeschwerten Junghund verwandelt, der Unfug macht, herumtobt, in tiefen Schlaf fällt und ausgiebig mit seiner Familie kuschelt. Im Einsatz gibt es genügend gefährliche Situationen. Da braucht er einen Ausgleich, auch wenn er seinen Dienst als Spiel versteht. Er braucht ein fürsorgliches, entspanntes Zuhause, in dem er nur Hund sein darf.

Bei den Rowlands bekommt Bo all das. Darf man dann mit dem Gedanken spielen, ihn wieder wegzugeben?

Seit Tagen plagt sich David Rowland mit einem inneren Konflikt herum. Er ist 38 Jahre alt und soll zum Lieutenant befördert werden. Das wäre ein wichtiger Karriereschritt. Aber als Lieutenant dürfte er Bo nicht behalten. Der Hund würde zu einem anderen Polizisten wechseln. Aus dem Dienst nehmen, um ihn privat zu halten, kann Rowland ihn keinesfalls, dafür waren Kauf und Ausbildung viel zu teuer. Außerdem ist Bo ein wertvolles Mitglied der Staffel, seine Spürnase wird gebraucht.

Der Sergeant muss die Sache zu Hause besprechen. Er sitzt mit seiner Frau und den beiden Kindern beim Abendessen, aber mit seiner Ansprache kommt er nicht weit. Als er sagt, dass Bo dann nicht mehr bei ihnen bleiben könnte, fangen die Geschwister sofort an zu weinen. Das achtjährige Mädchen und der sechsjährige Junge springen von ihren Stühlen hoch und rennen hinaus in den Garten, wo Bo gerade seinen Napf leert. Rowlands Tochter schlingt ihre Arme um den Hals des Bloodhounds. »Niemand darf mir meinen Hund wegnehmen!«, schreit ihr Bruder. Als Rowland sich zu seinen Kindern beugen will, heulen sie ihm ins Gesicht: »Ihr dürft Bo nicht weggeben!«

Es fällt dem Sergeant nicht leicht. Aber in dieser Nacht gibt er seine Karriere auf. Nicht nur wegen der unglücklichen Kinder, sondern weil er genauso denkt wie sie. Bo gehört zur Familie. Er spürt, wie nah ihm dieser Hund gekommen ist in den wenigen Monaten, die er bei ihnen lebt. Allein der Gedanke, dass ein anderer Hundeführer Bo vielleicht härter anfassen könnte, macht ihm schon zu schaffen. Der Bloodhound hat eine zarte Seele. Er ist kein mutiger Hund. Man muss ihn ganz vorsichtig an Neues heranführen. Rowland kann das. Er liest die Körpersprache seines Hundes und weiß, wann er ihm beistehen muss. So lernt Bo allmählich, mutiger zu werden. Heute spurt er ungerührt an Schnellstraßen entlang, auf denen Sattelschlepper mit 120 Stundenkilometern vorbeidonnern.

Anderntags sagt Rowland zu seinem Vorgesetzten: »Bo bleibt bei mir bis zu seinem letzten Atemzug.« Und damit ist die Beförderung vom Tisch.

Das entführte Kind

Macht Bo Fehler? Stößt er an seine Grenzen? Es kommt vor, dass ihn seine Nase in die Irre führt, noch muss er eine Menge lernen. Auf der anderen Seite zeigt er Leistungen, die niemand im Police Department für möglich gehalten hätte. So findet er die Spur eines vermissten Mannes, die bereits zehn Tage alt ist. Die zudem durch Witterungseinflüsse – es regnet in den Tagen nach der Vermisstenmeldung – eigentlich nicht mehr existieren sollte. Doch Bo schnuppert an dem Kissenbezug des Verschwundenen, entdeckt vor dessen Haus eine Fährte, folgt ihr aus der Wohnsiedlung. Führt den Polizeitrupp in einen Wald hinein bis zu einem Bachlauf, wo der Körper des Mannes tot im Wasser liegt.

Im Sommer 2024 ruft die Tierschutzorganisation American Humane zu ihrem alljährlichen Wettbewerb auf: Es geht darum, den Hundehelden der Vereinigten Staaten zu bestimmen. Bo schafft es in die Runde der fünf Finalisten. Er tritt gegen einen altgedienten Militärhund an und gegen erfahrene Therapiehunde. Alle Kandidaten haben Menschen das Leben gerettet. Aber auf Bos Liste seiner heldenhaften Taten steht ein Vorfall, der möglicherweise den Ausschlag gibt.

Es ist Muttertag, als eine Frau den Verstand verliert. Sie ist psychotisch und im Drogenrausch, hat jede Menge Crystal Meth und Heroin konsumiert. Ihre Kinder, eine neunzehnjährige Tochter und ein siebenjähriger Sohn, leben getrennt von ihr. Eine Tante kümmert sich um die beiden.

Doch an diesem Abend im Mai, als anderswo gerührte Mütter handgemalte Bilder an die Wand heften und verkohlte Muffins essen, taucht die Frau vor dem Haus auf, in dem ihre Kinder wohnen. Sie tritt so lange gegen die Tür, bis die aus den Angeln fliegt. Dann dringt sie ins Haus ein. Das Mädchen und der Junge sind allein, sie versuchen, sich vor ihrer Mutter zu verstecken. Aber die Frau entdeckt sie. Mit einem Messer in der Hand attackiert sie zuerst ihre Tochter. Das Mädchen flieht hinaus auf die Straße, die Frau rennt ihr nach. Die Menschen in der Nachbarschaft sehen, was sich da draußen abspielt, und rufen die Polizei.

Schließlich gibt die Mutter die Verfolgung ihrer Tochter auf und kehrt ins Haus zurück. Sie packt sich den verstörten kleinen Jungen, hält ihm das Messer an die Kehle und verschwindet mit ihm durch die Hintertür des Hauses.

Das ist die Lage, als die Polizei eintrifft. Viele Beamte sind vor Ort, darunter auch Rowland und Bo, der die Fährte des Kindes aufspüren soll. Es ist dunkel geworden. Drohnen steigen auf in den Nachthimmel, um das Gebiet weiträumig abzusuchen. Sergeant Rowland bekommt einen Teddybären des Jungen ausgehändigt und hält ihn seinem Hund unter die Nase. Die Suche beginnt.

Sie wird stundenlang dauern. Denn die Frau legt Kilometer um Kilometer mit dem entführten Kind zurück, im Zickzack. Sie läuft durch einen Wald, durch ein Industriegebiet, in die Innenstadt, entfernt sich von dort wieder, rennt in Richtung Highway. Bo bleibt ihr auf den Fersen, aber die Frau hat einen gewaltigen Vorsprung. Wie sie das Kind dabei transportiert, wie ein siebenjähriger Junge diesem Tempo folgen kann, bleibt dabei völlig unklar. Sicher ist nur: Immer wieder melden sich Menschen bei der Polizei, an denen die Frau vorbeigekommen sein soll. Schließlich ruft die Servicekraft einer Waffelbäckerei an, die rund um die Uhr geöffnet hat. Gerade sei eine Frau aufgetaucht, um zu telefonieren, sagt die Mitarbeiterin. Das Kind habe verweint ausgesehen und die Frau wie eine verwirrte Drogensüchtige.

Das Suchteam fährt mit Bo direkt zur Waffelbäckerei. Dort findet der Bloodhound vor der Tür die Geruchsspur des Jungen und folgt dem Weg, den die Frau genommen hat. Seit dem Alarm sind vier Stunden vergangen. Die Beamten und der Hund haben mehr als elf Kilometer zurückgelegt. Rowland ist völlig erschöpft von der ganzen Rennerei, im Gegensatz zu Bo, der keinerlei Anzeichen von Müdigkeit zeigt. Seine Nase klebt unverwandt am Boden.

Aber wenigstens sind sie auf der richtigen Spur. Das wissen sie spätestens, als sie an einem Vorgarten vorbeikommen, in dem ein Mann mit ausgestrecktem Arm in die Richtung zeigt, die die Frau eingeschlagen hat. Vor höchstens zehn Minuten.

Am Ende der Straße steht ein verlassenes Haus. Das Gras wuchert vor der Veranda. Mittlerweile hat sich der Suchtrupp verkleinert. Nur noch Rowland, Bo und drei weitere Polizisten stehen im Garten und starren auf dunkle Fenster. Anderswo hat es eine Schießerei gegeben, mehrere Beamte wurden zum neuen Einsatz abgezogen. Den vier Verbliebenen schießt das Adrenalin durch die Adern, weil Bo anzeigt, dass die Spur ins Haus hineinführt. Sie umrunden das Gebäude, nirgendwo brennt Licht.

Die Polizisten brechen die Tür auf. Im Inneren des Hauses kauert die Frau im Dunkeln, noch immer hält sie das Messer in der Hand. Aber sie lässt den Jungen gehen. Der stürmt in die Arme eines Beamten und wird nach draußen getragen. Schließlich gibt die Mutter auf. Sie lässt ihre Waffe fallen und folgt den Polizisten zum Streifenwagen, leistet keinen Widerstand mehr.

Nicht nur Rowland weiß es, auch die anderen Beamten haben keinerlei Zweifel: Ohne Bo hätten sie den Jungen nie gefunden. Was dann mit dem Kind passiert wäre? Niemand wagt, sich das vorzustellen.

Im Dezember 2024 kürt die Organisation American Humane den Bloodhound Bo zum Hundehelden des Jahres der USA. Als Bo seine Medaille um den Hals gehängt bekommt, ist er noch keine zwei Jahre alt – und der jüngste Sieger, den es jemals gab.

Judy

Retten und gerettet werden

Als 1937 der Pazifikkrieg beginnt, steckt eine britische Schiffshündin mittendrin. Sie muss mit ihrer Besatzung vor den japanischen Streitkräften fliehen und landet für Jahre in einem Zwangsarbeiterlager auf Sumatra. Wie sie da wieder herauskommt und dabei etliche Menschenleben rettet, füllt heute mehrere Bücher.

Das Essen stinkt wie immer. Es besteht aus einer dürftigen Portion Reis und ein paar Blättern aus dem Dschungel. In der Hitze des Abends zersetzt sich das Ganze rasch. Doch diese wenigen Bissen stehen zwischen dem Soldaten und den Albträumen in der Nacht, die der Hunger hervorruft. Also stößt Frank Williams seinen Löffel in den Brei. Da spürt er, wie jemand ihn anstarrt. Irgendwer hockt im Schatten der Unterkunft, in der die britischen Kriegsgefangenen hausen. Dieser Jemand hat dunkle Augen in einem noch dunkleren Gesicht und richtet all seine Aufmerksamkeit auf ihn.

Oder auf den Napf, den er in der Hand hält.

Frank Williams muss lächeln. Er hebt seinen Kopf und sagt in die Dunkelheit hinein: »Na, Mädchen.«

Seine Stimme lockt eine hochgewachsene Hündin aus der Ecke hervor. Sie nähert sich schrittweise und bleibt in einiger

Entfernung vor ihm stehen: Judy, das Maskottchen der Gefangenen im Lager Gloegoer One auf Sumatra. Eigentlich ein englischer Jagdhund, ein Pointer aus einer teuren Zucht in Shanghai. Doch davon ist kaum noch etwas zu erkennen. Ihr früher so weißes Fell mit den großen, braunen Flecken schlägt Falten um ihre Knochen, ihre Zähne sind gelb. Sie ist halb verhungert, so wie sie alle.

Aber immer noch am Leben – und das kommt einem Wunder gleich. Zum einen, weil ein Hund in einem Zwangsarbeiterlager der japanischen Armee nichts verloren hat und nur einen Schuss weit vom Tod entfernt ist. Zum anderen, weil sein Fleisch in Asien als Delikatesse gilt. Um das Lager herum, in den Dörfern auf Sumatra, lebt kein einziger Hund mehr, sie sind alle im Kochtopf gelandet. Und schließlich, weil Judy kaum mehr zu fressen bekommt als das, was sie fängt: Fliegen, Eidechsen, Schlangen, mit Glück ein Nagetier.

Manchmal fallen ein paar Reiskörner aus den Schüsseln der Gefangenen für sie ab. Oder ein Stückchen Leder, von einem Soldaten im Camp, der Schuhe reparieren kann und die Stiefel der Wachen flickt. Denn Judy muss unbedingt am Leben bleiben, darin sind sich alle einig. Als Maskottchen eines britischen Kanonenboots, mit der Besatzung ins Lager verschleppt, dient sie den Häftlingen nicht nur als Glücksbringer. Sie ist auch ein Symbol: Wenn sie überlebt, obwohl alles dagegenspricht, schaffen die Männer das auch. Trotz des Hungers, der unmenschlichen Arbeit, der Krankheiten und der Prügel durch die Wachen. Dieser Gedanke gleicht einem Mantra, gemurmelt während der Arbeit: »Wenn die Hündin das kann, kann ich es auch.« Auf diese Weise trotzen die Gefangenen der japanischen Armee.

Lebensgefährten

Noch immer steht Judy in respektvoller Entfernung vor Frank Williams, einem Techniker der Royal Air Force. Er ist Flieger, kein Seemann, und gehört nicht zu Judys früherer Besatzung. Doch nun sterben ihre Leute einer nach dem anderen, zuletzt ihr engster Freund, der sie mit Lederabfällen versorgt hat. Sie braucht einen neuen Gefährten.

»Komm her zu mir, Judy«, lockt Frank Williams die zögerliche Hündin.

Sie rührt sich nicht, stößt nur ein leises Winseln aus.

Da fasst Williams in seinen Blechnapf, nimmt eine Handvoll Reis in die Finger und hält sie dem Tier hin.

Judys Nase schiebt sich weit nach vorn. Ihre Läufe zittern.

»Keine Angst, Mädchen«, sagt Williams mit sanfter Stimme. Und da endlich traut sie sich heran, nimmt vorsichtig den Bissen aus seiner Hand und schlingt ihn hinab.

Sie teilen sich die magere Ration. An ihrem Hunger ändert sich nichts. Aber als Judy sich zu Franks Füßen zusammenrollt, die Augen schließt und gleich darauf sanft schnarcht, liegt die Hand des Mannes auf ihrem staubigen Fell und streichelt es unentwegt. Genauso hat er es zu Hause mit den Hunden seiner Familie gemacht. Mit gesenktem Kopf träumt sich Williams, kaum älter als zwanzig Jahre, in seine Heimat zurück, zu seiner Mutter und den sechs Geschwistern. Auch das macht Judy für die Männer im Camp so kostbar: Sie hält die Erinnerung wach, dass es in weiter Ferne einen Ort gibt, an den sie gehören. Dass sie Frauen, Kinder, Eltern haben und Haustiere mit einem weichen Fell.

Doch wie um alles in der Welt sind Mensch und Hund in diese Lage geraten?

Die Geschichte der Männer ist schnell erzählt: In den Jahren vor dem Zweiten Weltkrieg sicherten Kanonenboote der Royal Navy die Handelswege der Briten auf dem chinesischen Fluss Jangtse. Das Vereinigte Königreich besaß etliche Kolonien und Protektorate auf dem asiatischen Kontinent, so auch in Shanghai. Der Jangtse verband die Hafenmetropole mit Nanking, der damaligen Hauptstadt Chinas. Doch auf der riesigen Wasserstraße kreuzten nicht nur zahlreiche Handelsschiffe, sondern auch jede Menge Piraten, weshalb die Marine es für nötig hielt, einige Kriegsschiffe zum Schutz der Handelsflotte einzusetzen.

Andere Einheiten der britischen Armee, zu denen Frank Williams gehörte, waren in Singapur stationiert, einer Kolonie der englischen Krone. Mit Beginn des Zweiten Japanisch-Chinesischen Krieges im Jahr 1937, der sich zum Pazifikkrieg ausweitete und schließlich in den Zweiten Weltkrieg mündete, ging diese alte Welt zu Bruch. Japan eroberte China und angrenzende Staaten, nahm mehr als 80 000 Soldaten aus Großbritannien, Australien oder Indien gefangen und steckte sie über Jahre in Zwangsarbeiterlager.

Und Judy? Sie kam aus einer alten, glitzernden Welt. In den 1930er-Jahren hatten sich Zehntausende Briten in Shanghai niedergelassen und die Stadt zu einem »Paris des Ostens« verklärt. Etliche von ihnen wollten nicht auf Hunde verzichten. Und so gab es überall Züchter für englische Rassehunde, etwa für die beliebten English Pointer, wie Judy einer war. Doch statt in einem eleganten Haushalt ein Luxusleben als Jagdhund zu führen, landete Judy auf einem Kanonenboot und bald darauf mitten im Krieg.

Das Schiffsmaskottchen

Die *HMS Cricket* der britischen Marine hatte eine Katze an Bord, die *Ladybird* einen Schiffshund und die *Bee* sogar einen Affen. Bloß das Kanonenboot *Gnat* besaß noch immer kein Maskottchen. Ein unwürdiger Zustand, fand der Kapitän. Noch lag die *Gnat* im Dock von Shanghai zur Generalüberholung. Doch Ende November 1936 würde sie wieder auslaufen, um ihren Schutzdienst auf dem Jangtse fortzusetzen. Bis dahin musste ein Schiffshund her, lautete die Order des Kapitäns. Und so wurde ein Jungoffizier der *Gnat* in die Stadt geschickt, um bei einer englischen Züchterin vorstellig zu werden. Dort ließ der Mann sich den Wurf zeigen, der gerade da war, entschied sich für eine Pointer-Hündin namens Judy, hob sie hoch und nahm sie mit. Die Kleine war sechs Monate alt und sah ungeheuer niedlich aus mit ihrem dunklen Kopf und den braunen Sattelflecken auf einem schneeweißen Rücken. Aber das Äußere täuschte. Was der Offizier da auf dem Arm hielt, war alles andere als ein verhätschelter Junghund. Es war ein zähes Geschöpf, das seine erste Lektion in der Kunst des Überlebens bereits hinter sich hatte.

Monate zuvor, kaum der Mutterzitze entwöhnt, hatte sich Judy unter dem Zaun ihres Heimes ins Freie gegraben. Da draußen lockte das Abenteuer und da gehörte sie hin. Auf ungelenken Pfoten war der Welpe hinaus auf die Straße getappt, hinein in ein Chaos aus vorbeihastenden Füßen, wirbelnden Rikscha-Rädern und überbordenden Gerüchen. Doch der Ausflug verwandelte sich in einen Albtraum. Die Kleine fand den Weg nicht mehr zurück. Und der Suchtrupp, den die Züchterin bald darauf losschickte, konnte sie nirgendwo entdecken. Wochenlang schlug sich Judy auf der Straße durch, zitternd, frierend, hungrig, immer auf der Flucht vor Fußtritten oder dem Griff in den Nacken durch einen Koch, der ihr das Fell abziehen wollte. Gerettet wurde sie durch einen unglaublichen Zufall. Das Hausmädchen der Züchterin stolperte in einem Hauseingang über ein schmutziges Fellknäuel, das da zusammengerollt lag. »Shudy!«, rief die junge Frau, hob den erschöpften Welpen hoch, umklammerte ihn mit ihren Armen und rannte eilends nach Hause.

Und jetzt saß die Pointer-Hündin neben dem Kapitän auf dem Schiffsdeck der *Gnat*. Ihr gegenüber fünfzig Mann in Reih und Glied, und alle benahmen sich seltsam. Sie machten Faxen, jauchzten und lachten, schnipsten mit den Fingern und gingen vor ihr in die Knie, mit weit ausgestreckten Armen. Wimpel flatterten im Wind. Die *Gnat* konnte in See stechen.

Doch zunächst sah es ganz danach aus, als hätte die Crew statt eines Glücksbringers einen Pechvogel bekommen. Schon nach wenigen Tagen ging die Hündin über Bord. Immer und immer wieder war sie bis zur Schiffskante gerannt, hatte ihren Kopf unter der Reling hindurchgestreckt, um ins gurgelnde Wasser zu starren, fasziniert von den Wellen, die der Bug in den Jangtse schnitt. Eines Tages verlor sie dabei den Halt, rutschte über die Kante und stürzte in die Tiefe. Zu ihrem großen Glück stand einer der Matrosen in der Nähe und bekam das Unheil mit. Sein gellender Schrei »Hund über Bord!« ließ die *Gnat* stoppen. Umgehend legte der Steuermann den Rückwärtsgang ein, aber sie waren bereits zu weit entfernt. Nirgendwo in den Wellen tauchte ein Hundekopf auf. Hastig ließen ein paar Männer das Rettungsboot zu Wasser, sprangen hinein, warfen den Motor an und jagten zurück zu der Stelle, wo Judy über Bord gefallen sein musste.

Ihnen blieben nur Minuten. Im Winter war der Jangtse eisig kalt. Und ein so junger Hund hatte kaum die Kraft, sich lange über Wasser zu halten. Aber wie schon damals in den Straßen von Shanghai kam Judy erneut der Zufall zu Hilfe. Der chinesische Schiffsjunge starrte just in dem Moment auf einen Wellenkamm, als dort ein Kopf erschien. Die Hündin strampelte um ihr Leben, mit weit aufgerissenem Maul. Das Rettungsboot hielt direkt auf sie zu. Die Männer griffen nach ihr, verfehlten sie, fassten wieder nach. Der Schiffsjunge, der halb aus dem Boot hing, verlor dabei das Gleichgewicht und ging nun seinerseits über Bord, sodass jetzt zwei aus den Fluten gerettet werden mussten. Mit vereinten Kräften wurden Mann und Hund schließlich an Bord gehievt, durchgefroren und stinkend nach allem, was im Jangtse umhertrieb.

Die Alarmanlage

Judy fiel nie wieder ins Wasser. Und bald darauf zeigte sich, wie nützlich sie war, trotz ihres jugendlichen Leichtsinns. Sie besaß einen sechsten Sinn für drohende Gefahren. Der hatte sie schon durch Shanghai getragen. Jetzt riss er sie nachts um drei Uhr aus dem Tiefschlaf. Die Crew lag schnarchend in den Kojen. Die Wache an Deck träumte vor sich hin. Judy, eingerollt in ihrer Kiste auf der Brücke, hob abrupt den Kopf. Setzte sich auf. Zwei Dschunken hatten sich da schon vom Ufer gelöst und steuerten auf die *Gnat* zu. Lautlos, ungesehen. Nur noch Bootslängen entfernt.

Aber nicht unbemerkt. Wie ein zorniges Gespenst stand Judy auf der Brücke und bellte in die Nacht. Sie machte einen solchen Lärm, dass die Matrosen halbnackt an Deck stürzten, bewaffnet mit Lampen, Pistolen und Messern. Der erste blickte über die Reling und schrie laut: »Piraten!« Die nächsten feuerten in die Tiefe hinab. So schnell wie die Dschunken herangekommen waren, flohen sie in die Schatten zurück. Kurz darauf knallten an Bord der *Gnat* Freudensalven. Ein Matrose nach dem anderen knuffte und tätschelte die Schiffshündin, die sie rechtzeitig vor dem Überfall gewarnt hatte.

Und genau das sollte sie noch viele, viele Male tun. Egal, wer sich dem Schiff näherte, ob Piratenboot oder bald darauf japanische Kampfbomber aus der Luft: Judys Gespür funktionierte zuverlässig. Das Schiffsmaskottchen wurde zur Alarmanlage der *Gnat* und warnte die Crew vor jedem Angriff.

Bis auch das nichts mehr half.

Am 7. Juli 1937 begann der Zweite Japanisch-Chinesische Krieg. Das kaiserliche Japan hatte einen Eroberungsfeldzug begonnen und überfiel eine chinesische Stadt nach der anderen. Im August erreichte der Krieg Shanghai und den Jangtse. Noch hielten sich die japanischen Kampfbomber mit Angriffen auf westliche Schiffe zurück. Aber sie flogen bereits Scheinattacken auf die Kanonenboote der Briten, Amerikaner, Franzosen und Australier, die im Jangtse patrouillierten. Schließlich stand Shanghai in Flammen. Am Ende des Jahres fiel Nanking. Und dann erreichte der Feldzug der japanischen Armee auch die britischen Schiffe.

Auf Anordnung der Royal Navy mussten Judy und die Crew ihr Kanonenboot verlassen. Sie bezogen ein größeres und besser ausgestattetes Kriegsschiff namens *Grasshopper*. Die Besatzung umfasste nun 75 Mann plus ihr Maskottchen. Das Schiff sollte britische Landsleute aus den überfallenen Städten evakuieren, doch kurz darauf überschlugen sich die Ereignisse. Großbritannien erklärte Nazi-Deutschland den Krieg. Umgehend erhielten die englischen Boote den Befehl, die chinesischen Gewässer zu verlassen und Singapur anzusteuern. Die *Grasshopper* und ihre Schwesternschiffe ließen den Jangtse hinter sich und nahmen Kurs gen Westen. Es galt, Singapur zu schützen, die Kronkolonie.

Dort angekommen, operierten die britischen Bootsmannschaften nur noch nachts, alles andere war bereits zu riskant. Sie holten Soldaten an Bord, die vor den anrückenden japanischen Streitkräften flohen, und attackierten ihrerseits feindliche Schiffe. Dabei konnte sich die Crew der *Grasshopper* blind auf ihr Alarmsystem verlassen. Stets rechtzeitig warnte Judy mit ihrem Gebell vor herannahenden Kampfflugzeugen. So gelang es der *Grasshopper* lange Zeit, verdeckt zu operieren und unbeschadet davonzukommen.

Doch im Februar 1942 wurde es offensichtlich, dass Singapur nicht mehr zu halten war. Die Stadt brannte lichterloh und musste evakuiert werden. Die kleine britische Flotte nahm Hunderte Zivilistinnen und Zivilisten an Bord und brach nach Süden auf, in Richtung Niederländisch-Indien, wie Indonesien damals hieß. Dies schien die beste Route zu sein, um das Kriegsgebiet so schnell wie möglich zu verlassen und sich in Sicherheit zu bringen.

Retten und gerettet werden

Was niemand wahrnahm – Judy sah es. Oder hörte sie es? Spürte sie die drohende Gefahr? Der Himmel über dem Meer war von einem lichthellen Blau. Seevögel durchzogen ihn in der Ferne, ihre Flügel blitzten auf im Widerschein der Sonne. Die *Grasshopper* und ihr Schwesternschiff *Dragonfly* passierten auf ihrem Weg nach Süden eine Gruppe unbewohnter Inseln, durchschnitten flaches Gewässer. Im Westen lag die Küste von Sumatra. Der Tag schien friedlich, endlich einmal. Nur der Hund kam und kam nicht zur Ruhe, bellte sich heiser. Steil wie ein Handfeger standen seine Nackenhaare ab. Und dann sahen die Matrosen es plötzlich auch. Die Punkte am Horizont waren keine Seevögel. Es waren Kampfbomber der japanischen Luftwaffe, die genau auf sie zuhielten. Flieger neben Flieger, insgesamt zählten die Männer der *Grasshopper* mehr als 100 Angreifer.

Dann schlugen die Sprengkörper ein. Zuerst ging die *Dragonfly* in Flammen auf, gleich darauf wurde die *Grasshopper* getroffen. Ihr Kapitän steuerte das brennende Boot auf die nächstgelegene Insel zu, damit es erst dort am Strand sank. Zumindest das glückte, die *Grasshopper* rammte den Grund vor einer Bucht, kippte im Wasser zur Seite und warf alles von sich: die evakuierten Frauen und Kinder, die Crew. Kisten, Mobiliar, Lebensmittel trieben nun in den Wellen. Wer schwimmen konnte, rettete sich an den Strand. Andere wurden von den Rettungsbooten aufgelesen. Und irgendwo dazwischen war sicher auch der Hund.

Die Gestrandeten bauten sich ein provisorisches Lager am Ufer. Unter den Evakuierten aus Singapur befanden sich Krankenschwestern, die jetzt die Verletzten versorgten. Einige Mitglieder der Besatzung durchkämmten die winzige Insel auf der Suche nach Trinkwasser, konnten aber weder Bach noch Quelle entdecken. Und Judy hatte sich auch noch nicht gezeigt. Da befahl der Kapitän seinem Steuermann George White, zum Schiff zurückzukehren, das havariert und qualmend in den Wellen lag. Er sollte so viel Nützliches wie möglich bergen, vor allem aber Wasser, Medizin, Planen und Werkzeug.

Das war lebensgefährlich, Officer White machte sich da keine Illusionen. Noch glomm das Feuer an Bord und fraß sich durch das Wrack. Grimmig setzte White zur *Grasshopper* über, kletterte auf das Deck und stieg die Leitern hinab in den Schiffsrumpf, dort, wo sich die Kombüse befand. Er musste sich beeilen, zusammenraffen, was er fand, und alles auf schnellstem Weg an den Strand zurückbringen. Da hielt er plötzlich inne. Er hörte ein Wimmern. White stand hüfthoch im öligen Wasser, um ihn herum trieben Möbelstücke. Da war es wieder, es klang, als würde ein Baby weinen. White watete durch den Schiffsbauch, schob alles zur Seite, was im Weg war, erreichte einen umgekippten Schrank. Von dort kam das Geräusch. Er fasste mit dem Arm über das Möbelstück und bekam Fell in die Hand. Plötzlich ein Stück Stoff, das Halsband des Schiffshundes.

»Judy!«, schrie White. »Bist du das?« Er zog und zog an der eingeklemmten Hündin, bekam sie frei, fischte sie hinter dem Schrank hervor und drückte sie an seinen Brustkorb. Judys Nase landete in seinem Gesicht, ihre Zunge fuhr ihm über die Augen. Officer White watete zur Leiter zurück und kletterte mit der Hündin an der Brust aufs Deck. Er war sich sicher, dass sie sich einige Knochen gebrochen hatte. Aber zu seiner Verblüffung schien sie unverletzt. Sie schüttelte sich das Wasser aus dem Pelz und hopste von einem Bein aufs andere. Laut schrie White über die Bucht: »Judy ist hier! Ich hab Judy gefunden!« Dann blickte er auf das Maskottchen, das sich die Pfoten leckte, fragte leise: »Warum hast du denn nicht gebellt?«

Spätestens jetzt war es offensichtlich: Wie ein roter Faden zog sich »retten und gerettet werden« durch Judys Leben. Oft entkam sie nur knapp dem Tod, weil jemand zur Stelle war, der ihr half. Andersherum verhielt es sich genauso: Viele Male sorgte sie dafür, dass Menschen am Leben blieben. Gerade hatte Officer White sie gerettet, jetzt kam sie wieder zum Einsatz – keinen halben Tag nachdem sie aus dem Schiffswrack geborgen worden war.

Die Quelle

Die *Grasshopper*-Crew hatte eine neue Patrouille gebildet, um auf Wassersuche zu gehen. Dieses Mal nahm sie den Schiffshund mit. Dessen Nase konnte ja vielleicht Wasser riechen. Aber kaum war der Trupp in den Urwald eingedrungen, machte Judy kehrt und lief zum Strand zurück. Sprang in die Wellen, um der Hitze zu entkommen, lief am Brandungssaum auf und ab. »Judy!«, riefen die Männer ein ums andere Mal. Dann kam sie folgsam zurück, nur um kurz darauf wieder zu verschwinden.

Schließlich begann sie auch noch zu spielen. Mit ihren Vorderpfoten grub sie wild im Sand, schaufelte ihn eimerweise zwischen ihren Läufen hindurch. Sie bellte, starrte die Matrosen durchdringend an. Es war nicht ihr Alarmgebell. Aber es klang ganz eindeutig so, als wollte sie sagen: »Hallo! Ich hab hier was für euch.«

Einer der Männer ging zu ihr, als gäbe er einem störrischen Kind nach. Momente später wurden die anderen am Dschungelrand Zeuge, wie der Matrose in die Knie ging. Wie er sich über das ausgebuddelte Loch beugte, seine Hand hineinhielt, sie zum Mund führte, wie er trank. Dann drehte er sich zu den anderen um und wedelte mit dem Arm in der Luft. »Hier ist Süßwasser!«, schrie er. »Judy hat Wasser gefunden!« Die Männer rannten los, alle auf einmal.

Und tatsächlich: Eine sacht sprudelnde Quelle drang aus dem sandigen Untergrund. Trinkwasser zu haben, bedeutete, am Leben zu bleiben, bis jemand sie fand. Allzu lange sollte das nicht dauern, so ihre Hoffnung. Diese Gewässer waren stark befahren. Trotzdem warteten die Schiffbrüchigen noch eine knappe Woche, bis ein niederländisches Boot erschien, sie alle an Bord nahm und Richtung Sumatra ablegte.

Ihre Rettung jedoch war nichts als ein Aufschub. In den folgenden Wochen versuchten die Überlebenden vergebens, sich vor der japanischen Armee in Sicherheit zu bringen. Angesichts des Tempos, mit dem die kaiserlichen Truppen Region um Region unterwarfen, hatten sie keine Chance. Judy und ihre Begleiter marschierten fünf Wochen lang quer durch den Dschungel und über das Bergland von Sumatra, um zur Westküste der Insel zu gelangen. Dort, von Padang aus, wollten sie ein Schiff finden, das sie nach Indien bringen würde oder noch weiter weg in den Westen.

Als sie Padang erreichten, waren die japanischen Soldaten bereits da und nahmen sie fest. Kasernierten sie erst in einem

Schulgebäude und steckten sie dann in Arbeitslager. Die Mannschaft der *Grasshopper*, ihr Schiffshund, die evakuierten Zivilistinnen und Zivilisten lebten von nun an als Kriegsgefangene, sogenannte POW (*prisoner of war*), in wechselnden Camps. Erst dreieinhalb Jahre später, nach der Kapitulation Japans am 15. August 1945, erlangten sie ihre Freiheit zurück. Zumindest die, die noch am Leben waren.

Judy POW 81A-Medan

Der Gedanke an Essen wird zur fixen Idee. Die britischen Kriegsgefangenen im Lager Gloegoer One müssen an Nahrung gelangen, auf welche Art auch immer. Die Rationen, die sie erhalten, sind so knapp bemessen, dass die Männer langsam, aber sicher dem Hungertod entgegengehen. Auch weil sie von Sonnenaufgang bis in die Dunkelheit Schwerstarbeit verrichten müssen: Sie bauen Tempelhügel oder eine Eisenbahnlinie quer durch den Dschungel. Um nicht zu verhungern, fangen sie Fliegen wie Judy. Oder sie versuchen, das Essen der Wachsoldaten zu stehlen. Das gelingt bloß viel zu selten. Eines Abends jedoch bringt die Hündin die Männer auf eine neue Idee.

Frank und Judy haben sich eng zusammengeschlossen und dabei gelernt, fast stumm miteinander zu kommunizieren. Je weniger das Maskottchen von den Wachen gesehen wird, desto besser. Deshalb verkriecht sich Judy tagsüber im Dschungel, der das Lager umgibt. Sie gräbt sich Löcher unter dem Zaun hindurch oder zwängt sich, dürr wie sie ist, durch die Ritzen. Wenn die Nacht anbricht, schleicht sie zurück und schmiegt sich im

Schlaf an Franks Beine oder schlüpft in seine Umarmung. Ein leises Schnippen seiner Finger reicht aus, und Judy verschwindet wie ein Geist. Ein kurzer, kaum hörbarer Pfiff holt sie zurück. Eines Abends huscht sie wieder in die Baracke, diesmal aber trägt sie eine Frucht im Maul, die vor Saft noch trieft. Es ist ein makelloses Exemplar, keiner der Männer hat so etwas je zuvor gesehen.

»Doch«, sagt einer plötzlich, »ich weiß, wo sie das herhat.«

Jenseits der Lagergrenzen befinden sich die Gräber von Verstorbenen der japanischen Wachen. Manchmal werden sie mit Früchten geschmückt, wie es das Totenritual vorsieht. Judy muss dort gewesen sein und sich bedient haben. Frank nimmt ihr die Frucht ab, hält sie ihr vor die Nase, gibt ihr ein Stück, blickt sie eindringlich an und schickt sie wieder los. Judy versteht, was zu tun ist, und kommt nach einer Weile wieder. Ihre Beute ist jetzt deutlich magerer, offenbar gibt es auf den Gräbern nicht viel zu holen. Aber auf diese Weise kommen sie nun manchmal zu einem Vitaminschub.

Und Judy zu Nachwuchs. Es kann nicht sein, es ist völlig ausgeschlossen, dass da draußen im Dschungel ein weiterer Hund seine Kreise zieht, der mit Judy zusammengetroffen ist. Aber eines Tages kann Frank die Rundungen am Leib der Hündin nicht mehr übersehen. Sie ist eindeutig trächtig. Hat sie sich mit einem Wolf gepaart, gibt es überhaupt Wölfe in diesem Landstrich?

So unwahrscheinlich es ist, dass Judy Welpen erwartet, so undenkbar scheint es, dass sie sie lebend zur Welt bringen oder gar säugen kann. Jeder der Männer aus der Baracke kratzt jetzt Speisereste aus seinem Napf, um die Mutterhündin zu füttern, die das Lager nicht mehr verlassen darf. Und Frank, immer in Sorge um Judy, wälzt unablässig einen Gedanken: Wenn es ihm gelänge, aus Judy eine offizielle Kriegsgefangene zu machen, wenn sie eine Nummer hätte, eine Registrierung, so wie sie alle, könnte ihr das einen gewissen Schutz vor den Wächtern verleihen. Im Augenblick ist die Hündin vogelfrei. Jeden Tag könnte ihr jemand einen Knüppel über den Schädel ziehen. Sie müsste ein Papier bekommen, irgendwie. Eine Art Absicherung.

Als Judy Wochen später neben mehreren Totgeburten tatsächlich fünf gesunde Welpen wirft, hat Frank einen fertigen Plan im Kopf. Er ist nur überaus riskant. Der Hundenachwuchs spielt dabei eine entscheidende Rolle.

Das Lager Gloegoer One wird von einem ranghohen Militär geführt, Oberst Banno. Der macht sich einen Spaß daraus, sein Schwert zu ziehen, sobald er Judy doch einmal erblickt. Er schwingt seine Waffe, macht einen Ausfallschritt auf die Hündin zu und bricht dann in Lachen aus. Judy nimmt diese Einlagen ungerührt hin, ab und zu wedelt sie sogar schwach mit der Rute. Mögen sich die beiden etwa? Wer ganz offensichtlich einen Narren an dem Hund gefressen hat, ist eine junge Frau, die den Oberst an einigen Abenden besucht. Sie kann nur zwei Worte auf Englisch: »Judy« und »Komm«. Dann klatscht sie in die Hände und freut sich, wenn die Hündin sich von ihr streicheln lässt. Die Frau ist unübersehbar eine Hundenärrin. Und genau das will sich Frank zunutze machen.

Eines Abends, als Oberst Banno allein in seiner Baracke ist, schnappt Frank sich den niedlichsten der kleinen Welpen – über das künftige Schicksal der anderen macht er sich keinerlei Illusionen –, und geht zum Lagerkommandeur. Der sitzt in seiner Stube und trinkt. Vielleicht ist er schon angeheitert, als Frank mit tief gesenktem Kopf eintritt, man weiß es nicht so genau. Jedenfalls blickt er milde auf den Gefangenen, der demütig vor ihm steht und in seinen Armen einen zappelnden Welpen festhält. Der Häftling streckt dem Oberst den kleinen Hund entgegen und sagt mit leiser Stimme, er habe ein Geschenk mitgebracht, für die Bekannte des Kommandanten. Ob sie sich wohl darüber freuen würde?

Banno macht erst große Augen, dann huscht ein Lächeln über sein Gesicht. Frank hat richtig vermutet: Der Oberst mag Hunde, und seine Drohgebärden gegen Judy sind seine Art, mit ihr zu spielen. Er nimmt den Welpen entgegen, lässt ihn auf seinem Schreibtisch herumtapsen, krault ihm den Nacken und den Bauch, während Frank tief Luft holt. Und dann auf die untertänigste Art, die ihm möglich ist, darum bittet, der Mutterhündin ein Papier auszustellen.

»Als offizielle Kriegsgefangene«, sagt Frank. »Sie hat in der Armee des englischen Königs gedient, so wie wir alle. Es wäre zu ihrem Schutz.«

Der Oberst hört ihn erst gar nicht. Dann blickt er auf, offenbar verwundert, dass der Gefangene noch immer im Raum ist. Winkt ab. Sagt knapp, dass er keine Möglichkeit sehe, der Bitte zu entsprechen. Die Liste der Kriegsgefangenen lasse sich ohne Neuzugang nicht einfach um eine Nummer erweitern.

»Wenn Sie an meine Nummer ein A anhängten, Sir?«, fragt Frank mit kaum hörbarer Stimme. Er weiß, wie jähzornig der Oberst sein kann. Gegenüber Menschen ist er mitunter äußerst grausam. Alle im Lager haben schon mitangesehen, wie Banno aus dem Stand Wächter zu Boden geschlagen hat. Frank verbeugt sich unaufhörlich, während er fortfährt: »Judy POW 81A-Medan, Sir, sie käme dann in der Liste direkt nach mir, Frank Williams POW 81-Medan, ohne neue Nummer. Ohne Komplikationen. Und Ihre Bekannte freut sich ganz bestimmt, wenn die Mutter ihres Welpen geschützt ist.«

Banno starrt ihn an. Der Welpe hat sich auf seine plumpen Hinterbeine gesetzt, beleckt die linke Hand des Obersts und beißt mit seinen Kinderzähnen hinein. Spielerisch rangelt der Kommandant mit dem Kleinen. Langt dann mit der anderen Hand wortlos über den Tisch, nimmt ein Blatt Papier von einem Stapel, kritzelt schwungvoll ein paar Zeilen hin, unterzeichnet, hält Frank das Schriftstück entgegen und macht eine herrische Kopfbewegung, die so viel heißt wie »raus hier, bevor ich es mir anders überlege«. Frank geht auf der Stelle rückwärts aus der Tür, unter unablässigen Verbeugungen. Seine Hand hat er in das Papier gekrallt.

Und da steht es nun schwarz auf weiß: *Judy POW 81A-Medan*, mit der Unterschrift des Obersts. Die Hündin ist ab sofort hochoffiziell eine britische Kriegsgefangene.

Anders als erhofft trägt ihr das zwar keine Essensration ein, wie den anderen Kriegsgefangenen, die Anspruch auf eine tägliche Mahlzeit haben. Aber das Schriftstück rettet Judy schon kurze Zeit später das Leben. Oberst Banno wird aus dem Lager abgezogen, ein neuer Hauptmann tritt seinen Dienst an. Kaum hat er Judy entdeckt, winkt er einem der Wachposten und befiehlt ihm, den Hund zu erschießen. Frank tritt vor und überreicht das Schreiben des Obersts. Der Hauptmann überfliegt es, stutzt, liest erneut. Lässt das Blatt fallen und dreht sich wortlos um. Die Sache ist klar: Oberst Banno hat den höheren Dienstgrad. Ein Hauptmann, der am Leben bleiben will, hält sich besser an dessen Weisung.

Die Befreiung

Das härteste Jahr ihrer Gefangenschaft ist angebrochen, 1944 sterben zehn oder mehr Kriegsgefangene pro Tag. Im Juni müssen die verbliebenen Insassen das Lager räumen, sie werden verlegt: zuerst auf ein Schiff, danach in ein neues Camp. Selbstredend ohne den Hund, hat der Hauptmann spöttisch zu Frank gesagt. Kein POW der Welt habe Anspruch darauf, mit seinen Kameraden zusammenzubleiben.

In der Nacht vor der Verlegung schlafen Frank und Judy keine Minute. Sie üben. Frank bindet Judy an einem Pfosten fest, mit einem Knoten, der sich bei starkem Zug löst, und bringt ihr bei, sich zu befreien. Und auch, auf einen Pfiff hin in einen Sack zu springen und sich nicht zu bewegen, wenn er sie herumträgt.

Als die Sonne aufgeht, stellen sich die Gefangenen mit ihren Habseligkeiten im Lagerhof auf. Die Wachen durchsuchen jeden Sack, Judy heult derweil laut in der Baracke. Der Hauptmann nickt zufrieden. Dann marschieren die Gefangenen zum Tor hinaus.

Bevor jemand sie greifen kann, reißt Judy sich los und verschwindet im Dschungel. Sie folgt dem Trupp ungesehen durch das Buschwerk, das sie so gut kennt. In einem günstigen Moment pfeift Frank leise und geht in die Knie. Wer von der *Grasshopper* noch am Leben geblieben ist, bildet einen Sichtschutz um ihn. Frank leert seinen Sack, wirft eine der Decken, die er hineingestopft hat, ins Gebüsch. Judy taucht auf, hopst hinein, und die Gefangenen um Frank setzen ihren Marsch fort.

Im Hafen stehen sie stundenlang in der heißen Nachmittagssonne, argwöhnisch beäugt von den Wachen. Wenn Judy sich jetzt bewegt, ist es aus. Ihr Gewicht lastet auf Franks Schulter, doch er muss stillhalten, genau wie sie. Seine Kehle brennt vor Durst, Schweiß läuft ihm übers Gesicht. Neben ihm steht ein hochgewachsener australischer Soldat. Der greift mit einem Mal seinen Hut, nimmt ihn ab und stülpt ihn Frank auf den Kopf. Sagt tonlos, während er weiter geradeaus starrt: »Wenn ich umkippe, wird mir jemand aufhelfen. Aber wenn du umfällst, bist du erledigt, du und dein Hund.«

Am 26. Juni 1944 sticht ein riesiges Schiff mit rund 700 Kriegsgefangenen in See. Es hat kaum den Hafen verlassen, als es von Torpedos getroffen wird und sinkt. Ausgerechnet die britische Marine hat es beschossen, ohne zu ahnen, dass sich gefangene Landsleute an Bord befinden. Da sich das Unglück in Hafennähe ereignet, sind rasch Fischerboote vor Ort, um Überlebende aus dem Wasser zu ziehen. Viele halten sich an Treibgut fest – mancher aber auch an einem Hund mit weißem Fell und braunem Kopf. Judy paddelt zwischen den Booten hin und her, sammelt Schiffbrüchige ein, die sich an ihr Halsband klammern, übergibt ihre menschliche Fracht den Helfern und sucht dann schwimmend weiter. Bis sie selbst nicht mehr kann und von den Fischern an Bord gezogen wird.

Auch Frank hat sich retten können. Er und Judy verbringen die letzten Kriegsmonate tief im Urwald von Sumatra, in einem neuen Lager. Bis zu einem Morgen im September

1945. Als Frank bei Tagesanbruch aufwacht, hört er nicht das Gebrüll der Wachen wie sonst. Eine eigentümliche Stille hat sich über das Lager gelegt. Die japanischen Wachen sind fort, haben die Kriegsgefangenen sich selbst überlassen. Zwei Wochen zuvor hat das Kaiserreich kapituliert. Nun ist auch im Lager von Sumatra der Krieg vorbei. Am selben Tag noch erscheinen bis an die Zähne bewaffnete britische und amerikanische Soldaten.

Heimwärts

Nach ihrer Überfahrt nach England an Franks Seite – und nach sechs Monaten Quarantäne, da nahmen es die Briten sehr genau – entfesselt Judy POW 81A-Medan einen Medienrummel sondergleichen. Zusammen mit drei weiteren Kriegshunden wird sie im Wembley-Stadion einer jubelnden Menge präsentiert. Sie bekommt eine Fliegerjacke mit eingesticktem Wappen der Royal Air Force, die sie zu ihrem offiziellen Maskottchen ernennt. Die Vereinigung der Kriegsheimkehrer nimmt sie in ihre Reihen auf, als einziges nicht menschliches Mitglied. Die BBC überträgt Judys Gebell in alle Welt – als eine Art Interview mit der Kriegsheldin. Eine Tierschutzorganisation zahlt ihr eine Leibrente für den Rest ihres Lebens. Und schließlich erhält sie die Dickin Medal, eine Kriegsehrung, die für Tiere bestimmt ist und dem Victoria Cross entspricht, der höchsten britischen Auszeichnung im Kriegsdienst. Auf Judys Medaille ist eingraviert:

Für ihren großartigen Mut und ihre Ausdauer in japanischen Gefangenenlagern, die dazu beitrugen, die Moral unter ihren Mitgefangenen aufrechtzuerhalten, und auch dafür, dass sie durch ihre Intelligenz und Wachsamkeit viele Leben gerettet hat.

Judy bleibt mit Frank zusammen, bis sie im hohen Hundealter von vierzehn Jahren in Tansania stirbt. Dorthin ist Frank zwei Jahre nach dem Krieg ausgewandert, um eine Erdnussplantage zu leiten. Mit einem Abenteuer hat Judys Leben einst begonnen – ihrem Streifzug durch Shanghai. Mit einem Abenteuer geht es zu Ende. Im Februar 1950 verschwindet sie drei Tage lang im afrikanischen Busch, vermutlich um Paviane zu jagen, was sie leidenschaftlich gern tut. Am vierten Tag findet Frank sie entkräftet in einem Dorf. Zunächst scheint sie sich von ihrem Ausflug wieder zu erholen. Doch ihre Leben, von denen sie so viele besaß, sind endgültig aufgebraucht. Sie hat sich eine Tetanusinfektion zugezogen und kann nicht mehr gerettet werden.

Am 17. Februar 1950 lässt Frank seine Hündin einschläfern. Er begräbt sie neben seinem Haus, eingewickelt in ihre Fliegerjacke von der Royal Air Force.

Pickles

Zur richtigen Zeit am richtigen Ort

»Ein kleiner Schritt für einen Hund, ein großer Schritt für England.« So kurz lässt sich die Geschichte von Pickles zusammenfassen. Der Collie-Mischling folgt nur seiner Nase, doch die Auswirkungen seiner Tat sind phänomenal: Dank Pickles entgeht England einer Riesenblamage.

London, 20. März 1966: In den Vorgärten der britischen Hauptstadt ist es noch empfindlich kühl. Die Temperaturen schwanken um den Gefrierpunkt, als ein kleiner schwarz-weißer Collie-Mix durch die Hecken schlüpft und von Grundstück zu Grundstück läuft. Die Nase hält er dicht am Boden. Dass es kalt ist, spürt er nicht, im Gegenteil: Er ist im Jagdfieber. Erst vor wenigen Augenblicken muss hier eine Katze vorbeigekommen sein, ihre Fährte ist noch ganz frisch. Und wenn Pickles, so heißt der Hund, etwas aus vollem Herzen liebt, dann ist es die Katzenjagd.

Aber auch in den Häusern ringsum geht es hitzig zu. Wer Fußball liebt, fiebert schon dem Großereignis des Jahres entgegen: der Weltmeisterschaft im eigenen Land. Nur noch knapp vier Monate, dann geht es los. Dann kommen Mannschaften aus der ganzen Welt nach London und kicken um die Trophäe, einen schlanken, goldenen Kelch mit Engelsflügeln. Der Pokal selbst ist schon da, geschickt vom amtierenden Weltmeister Brasilien. Seit dem Vortag dürfen die Fans ihn besichtigen.

Er steht in der Westminster Central Hall, einem Konferenzzentrum mit angeschlossener Kirche im Herzen Londons. Dort ist er gut geschützt, denn zu gleicher Zeit findet in der Hall auch eine Briefmarkenausstellung statt: die Stanley Gibbons Stampex. Sie zeigt unter strenger Bewachung kostbare Sammlerstücke im Gesamtwert von drei Millionen Pfund. Passenderweise lautet das diesjährige Motto der Stampex: »Sport und Briefmarken«. Ein idealer Ort also, um den Weltmeisterpokal der Öffentlichkeit zu präsentieren. Die Sicherheitsvorkehrungen genügen sämtlichen Ansprüchen: Die Trophäe steht in einer Vitrine hinter Glas, gesichert mit einem Vorhängeschloss. Zu ihrer Bewachung sind gleich fünf Sicherheitsbeamte abgestellt. Und Scotland Yard liegt in fußläufiger Entfernung. Was soll da schiefgehen?

Alles. Und das innerhalb kürzester Zeit.

Keine 24 Stunden nach Ausstellungseröffnung ist der Pokal weg. Jemand hat sich in den Trophäensaal geschlichen und das Vorhängeschloss geknackt. Fünf Wachleute geraten in schwerste Erklärungsnot. Denn es stellt sich heraus, dass man kein Profi sein musste, um den Diebstahl durchzuziehen. Selbst einem Kind wäre das gelungen. Wie kann das sein?

Dilettanten allerorten

Der 20. März ist ein Sonntag. Die Stampex hat an diesem Tag geschlossen, weil in der Kirche der Westminster Hall ein Gottesdienst gefeiert wird. Das bringt das Sicherheitspersonal, das den

Pokal beschützen soll, offenbar auf den verhängnisvollen Gedanken: Wo kein Publikum, da kein Wachdienst nötig, zumindest kein lückenloser. Jedenfalls ziehen sich alle fünf Aufpasser zur Teepause zurück. Immer mal wieder macht einer einen Kontrollgang. Die Tür zum Trophäensaal haben die Wachleute sicherheitshalber mit einer Holzstange verbarrikadiert. Kurz nach elf Uhr, beim ersten Rundgang, ist noch alles bestens.

Um 12.10 Uhr dagegen nicht mehr.

Das Schloss ist aufgebrochen, die Vitrine gähnend leer bis auf die weißen Stoffbahnen der Dekoration. Wer auch immer den Pokal gestohlen hat, ist entkommen, ohne Spuren zu hinterlassen. Umgehend laufen bei der Metropolitan Police die Drähte heiß. Niemand kann sich die Tat erklären: Wer klaut denn einen vergoldeten Pokal, der etwa 3000 Pfund wert ist – und lässt Briefmarken liegen, die das Tausendfache kosten? Und was will der Dieb damit? Die Trophäe ist auf dem Markt praktisch unverkäuflich, ganz anders als eine seltene Briefmarke.

Das Schlimmste aber: England, London und seine Polizei sind bis auf die Knochen blamiert. Das sehen alle so. Die Vertreter des brasilianischen Fußballverbands, die die Trophäe sicher über den Atlantik geschickt haben, schäumen: »Bei uns in Brasilien wäre das niemals passiert!« (Irrtum: Kurioserweise verschwindet 1983 der Weltmeisterpokal ausgerechnet in Brasilien auf Nimmerwiedersehen.) Und der Ehrenpräsident des finnischen Fußballverbands lässt den englischen Kollegen ausrichten, dass er »verdammt wütend« sei.

Der Pokal muss umgehend wieder her. Bloß wie?

Scotland Yard wird eingeschaltet. Befragungen unter den Gottesdienstbesucherinnen und -besuchern in der Westminster Hall ergeben, dass dort am späten Vormittag ein seltsamer Mann gesichtet worden sei, in der Nähe der Toiletten. Er sei sehr groß gewesen, sagt einer. »Er war eher klein«, meint eine andere. Und auch ein Wachmann erinnert sich dunkel an einen etwa dreißigjährigen Herrn mit glatt gegeltem Haar, der sich vor einem Münztelefon herumgedrückt habe. Aber mehr wisse er leider nicht.

Während die Ermittlungen anlaufen, gibt der englische Fußballverband heimlich bei einem Londoner Goldschmied eine Nachbildung des Pokals in Auftrag und verpflichtet den Mann zu absolutem Stillschweigen.

Dann kommt Bewegung in die Sache.

Einen Tag nach dem Diebstahl erhält der Vorsitzende des englischen Fußballverbands einen anonymen Anruf. Eine männliche Stimme meldet sich, nennt sich »Jackson« und kündigt ein Paket an, geschickt an die Privatadresse des Vorsitzenden. Die Sendung, die anderntags eintrifft, enthält den abnehmbaren Deckel des Pokals und genaue Instruktionen. Erstens: keine Polizei. Zweitens: eine Lösegeldforderung von 15 000 Pfund. Sonst werde der Goldpokal eingeschmolzen. Sei man mit dem Deal einverstanden, solle man eine Anzeige in den *Evening News* schalten, mit dem Text: »Bin bereit für das Geschäft, Joe.«

So dilettantisch die Bewachung des Weltmeisterpokals, so dilettantisch die Erpressung. Zwei Tage später, am 23. März, schnappt die Polizei den anonymen Anrufer bei einer fingierten Übergabe. Es ist ein Londoner Kleinganove namens Edward Betchley. Der allerdings schwört Stein und Bein, nicht der Dieb, sondern nur ein Mittelsmann zu sein.

Der Pokal selbst bleibt verschwunden. Stattdessen gibt es jede Menge Falschmeldungen aus der Bevölkerung. Etwa die, dass sich das Diebesgut in der U-Bahn befinden soll, in der Northern Line unter Sitz Nummer sieben. Die Polizei – längst Zielscheibe von Hohn und Spott in allen Tageszeitungen, weil die Trophäe nach wie vor fehlt – durchsucht die Waggons. Aber: kein Pokal, nirgends.

Der richtige Riecher

Währenddessen geht bei Familie Corbett im Londoner Süden alles seinen gewohnten Gang. David Corbett, ein Themseschiffer, verbringt seinen Feierabend zu Hause. Mit seiner Frau Jeanne und dem Mischlingshund Pickles wohnt er im Stadtteil Norwood am Beulah Hill, etwa zwölf Kilometer vom Tatort entfernt. Am Abend des 27. März gegen 21 Uhr tritt er noch einmal vor die Tür, nur in Hausschuhen und mit Pickles auf den Fersen. Er will zur Telefonzelle auf der anderen Straßenseite, um seinen Bruder anzurufen, dessen Frau ein Kind erwartet. Vielleicht ist das Baby schon da.

Pickles schnüffelt am Bordstein. Er ist noch ein junger Hund mit Plüschtierohren, lustigen schwarzen Flecken auf dem weißen Pelz und nicht immer bei der Sache, wenn Corbett ihn ruft. Schon gar nicht, wenn es überall so verlockend riecht. Jetzt sind die Katzen unterwegs. Sie brechen in der Dämmerung auf und verstecken sich im Gebüsch, sobald er, Pickles, des Weges kommt. Schlüpft er dann in die Hecken, rasen sie auf der anderen Seite hinaus, und die Jagd ist eröffnet. Währenddessen überquert Corbett die Straße. Er hat nicht mitbekommen, dass ihm sein Hund nicht mehr folgt. Erst drüben auf der anderen Seite fällt es ihm auf. Er ruft nach Pickles, doch der reagiert nicht. Der Hund hält den Kopf gesenkt und streicht mit der Nase am Gehsteig entlang. Dann nimmt er plötzlich Fahrt auf. Trabt an den Nachbargärten vorbei, gerät außer Sicht. Corbett muss zurück über die Straße und seinen Hund einfangen. »Verdammt noch mal«, knurrt er und ist wütend auf sich selbst. Weil er nicht aufgepasst und Pickles nicht angeleint hat. Wieder ruft er laut »Pickles!« und sieht gerade noch, wie der um eine Hecke biegt und in der Auffahrt eines Hauses verschwindet. Corbett rennt ihm nach.

Pickles kauert vor dem Wagen des Nachbarn. Das Auto steht dicht geparkt neben einer Hecke aus Kirschlorbeer. Irgendetwas scheint da zwischen den Sträuchern und dem Vorderrad zu liegen. Der Hund drückt sich platt auf den Boden. Schiebt eine Pfote unter die Hecke. »Was machst du denn da?«, fragt Corbett mit gedämpfter Stimme, um die Nachbarn nicht auf den Plan zu rufen. Jetzt robbt Pickles zwischen Auto und Hecke hindurch und verschwindet mit der Schnauze im Gebüsch.

Denn da ist etwas. Corbett bückt sich und sieht es jetzt auch. Er erkennt eine Art Paket, eingewickelt in Zeitungspapier. Jäh richtet er sich auf. Könnte das eine Bombe sein? Dass der Mann als Erstes an eine Sprengladung denkt, ist kaum verwunderlich. Zu jener Zeit bricht der Nordirlandkonflikt wieder mit aller Schärfe auf. Die irische Untergrundorganisation IRA kämpft mit Bomben gegen die Präsenz Großbritanniens in Nordirland. Immer wieder explodieren Autos, auch in London.

Ist das hier ein Sprengsatz? Corbett greift erst Pickles am Nackenfell und zieht ihn weg. Der Hund sträubt sich. Aber er ist ein Federgewicht im Griff des Schiffers und wird von ihm wie ein Kaninchen hochgehoben. Dann geht Corbett in die Knie und langt vorsichtig nach dem Paket. Tastet es mit den Fingern ab. Eine Bombe kann es nicht sein, nicht hier in ihrer Straße, in der nur einfache Leute wohnen. Er fühlt etwas Festes, wie Metall. Zieht dann behutsam das Paket unter der Hecke hervor, nimmt es hoch. Es ist lang, schmal und ordentlich schwer. Und vor allem: von oben bis unten fest verschnürt, als habe jemand den Inhalt sorgfältig schützen wollen. Unschlüssig wiegt Corbett das Ding in der Hand.

Es ist absichtlich dort deponiert worden, dessen ist sich der Mann sicher. Stammt es von seinem Nachbarn? Das kann er nicht glauben. Das Paket liegt zu dicht am Vorderrad, und wettergeschützt ist es auch nicht. Corbett zupft an dem Zeitungspapier herum. Da sieht er etwas schimmern, Buchstaben auf Metall. Er schiebt das Papier noch ein bisschen weiter auseinander, erkennt die Worte: »Brazil«, »West Germany«. Und mit einem Mal schlägt ihm das Herz bis zum Hals.

Das ist der Pokal! Er weiß es plötzlich ganz sicher. Der Pokal, der vor Kurzem gestohlen wurde! Mit fliegenden Fingern macht er sich am Fuß des Pakets zu schaffen, zerrupft das Papier, legt einen Teil der Trophäe frei. Es ist der Sockel, auf dem die Namen aller bisherigen Weltmeister eingraviert sind.

Pickles sitzt gebannt da, klopft mit der Rute auf den Boden, weil er spürt, wie aufgeregt Corbett ist. Der schaut seinen Hund an. Beugt sich über ihn, streichelt ihm den Kopf und sagt: »Mein Junge! Du bist ein Genie. Du hast den Pokal gefunden!« Und als Nächstes: »Wir müssen zur Polizei.«

In der Dunkelheit rennen Mann und Hund zur nächstgelegenen Polizeistation, etwa anderthalb Kilometer entfernt. Corbett trägt noch immer seine Filzpantoffeln. Er stürmt hinein in die Wachstube, legt das Paket auf den Empfangstresen und sagt zu den verblüfften Beamten: »Meine Herren, hier ist der Pokal, mein Hund hat ihn soeben gefunden.«

Blitzlichtgewitter

Doch niemand klopft ihm auf die Schulter, niemand hat ein lobendes Wort für ihn übrig. Im Gegenteil. Der Chef der Wache sagt nur: »Schafft ihn zu Scotland Yard.« Corbett steht plötzlich unter Verdacht, der Hintermann zu sein, von dem Betchley, der hinter Schloss und Riegel sitzt, dauernd redet. Mit seinen 26 Jahren und dem glatten Haar könnte Corbett tatsächlich auf die Beschreibung des Mannes passen, der in der Westminster Hall gesichtet worden ist. Zum Zeitpunkt des Diebstahls.

In dieser Nacht muss Pickles den Weg nach Hause allein finden. Das wiederum verstört Corbetts Frau zutiefst, als der Hund ohne Herrn an der Tür kratzt. Bis in die Morgenstunden wird der Themseschiffer bei Scotland Yard verhört. Aber der Mann hat ein Alibi. Und irgendwann glaubt es auch die Polizei, dass Corbett nur der Finder ist.

Die Medien allerdings sehen das anders: Der wahre Finder ist doch Pickles! Dieser flauschige Collie-Mix mit seiner Superspürnase hat das Land vor einer entsetzlichen Peinlichkeit bewahrt. »Englands Held!«, titeln die Zeitungen. »Er hat die Weltmeisterschaft gerettet!«

Ein Sturm sondergleichen bricht über den Hund und seine Familie herein. Schon in den nächsten Tagen beziehen Reporter vor der Wohnung der Corbetts Stellung, Fotografen legen sich zu Pickles auf den Rasen und knipsen ihn von allen Seiten. Wie ein Wanderpokal wird der Hund in den kommenden Wochen herumgereicht. Als Erstes übergibt der National Sporting Club bei einer feierlichen Zeremonie einen Scheck über 1000 Pfund an Corbett, Pickles bekommt ein Tablett voller fleischiger Knochen. Der sitzt auf einem Tisch, mitten im Blitzlichtgewitter. An den Knochen leckt er nur kurz. Zu aufregend ist all der Wirbel um ihn.

Schließlich muss Corbett einen Agenten beauftragen, der die Flut an Anfragen für Werbespots und Spielfilme sortiert. Pickles tritt als Gast in Fernsehshows auf und spielt sich später selbst im Film »Der Spion mit der kalten Nase«. Und als England im Sommer die Weltmeisterschaft im Wembley-Stadion gewinnt – mit einem nicht ganz unumstrittenen Siegtor –, dürfen Herr und Hund bei der Feier im Kensington Hotel dabei sein.

Als das Bankett vorbei ist, tritt Bobby Moore, der berühmte Kapitän der Nationalmannschaft, auf den Balkon. Die Fans unten auf der Straße stehen dicht an dicht. Zuerst stemmt Moore den Pokal in die Höhe. Danach greift er sich Pickles und hält ihn hoch in den Abendhimmel. Der Hund schwebt über der Stadt, die Nachtluft zaust ihm die Ohren. Unter ihm donnert der Applaus, der kein Ende nehmen will.

David Corbett kann von dem Finderlohn und Pickles' Werbeeinnahmen ein Haus für seine Familie kaufen. Nur der Hund hat davon nicht mehr viel. Gerade mal ein Jahr nach seinem spektakulären Fund kommt er bei der Katzenjagd ums Leben. Corbett begräbt ihn im Garten seines neuen Hauses unter einem Messingschild.

2018 tritt ein britischer Journalist an die Öffentlichkeit. Er behauptet, herausgefunden zu haben, wer damals wirklich hinter dem Diebstahl steckte. Zwei kriminelle Brüder aus dem Londoner Süden sollen ihn verübt haben, und zwar allein aus sportlichem Ehrgeiz. An dem Pokal selbst hatten sie kein Interesse. Deshalb warfen sie ihn auch einfach in eine Hecke in der Nachbarschaft, als ihr Handlanger Betchley geschnappt worden war. Dass um die Ecke ein findiger Hund wohnte, konnten sie ja nicht ahnen.

Red Dog
Ich war überall, mein Freund

Einst hatte Red Dog einen richtigen Namen, er hieß Tally Ho. Doch den streift er ab wie eine alte Haut, weil er tut, was Hunde sonst niemals tun: Er verlässt seine Familie und sucht sein Glück in der Freiheit. Über den berühmtesten Vagabunden Australiens.

Rote Erde bis zum Horizont. Rotes Geröll und rote Felsen. In dieser wüstenhaften Landschaft, die kein Ende zu nehmen scheint, wird das eintönige Rot nur vom Blassgrün karger Gräser unterbrochen. Tiefe Schluchten legen Milliarden Jahre alte Gesteinsschichten frei. Das ist die Pilbara im Westen Australiens. Im Sommer entzündet sich hier die Luft. Dann malt die Hitze Trugbilder über die Sandpisten. Strände, Städte, Häuser flimmern als Lufterscheinung in der Ferne und lösen sich auf, wenn ein einsamer Pick-up darauf zusteuert. Anfang der 1970er-Jahre ist die Pilbara fast menschenleer. Nur wenige 10 000 Einwohnerinnen und Einwohner leben damals in einem Gebiet, das größer ist als Spanien.

1971 wird in diese harsche Landschaft hinein ein Hund geboren, einer von drei Welpen eines Wurfs. Sein Fell ist so ziegelrot wie die Erde, auf die er plumpst. Seine Mutter, ein Kelpie, leckt ihm den Staub aus den noch geschlossenen Augen. Kelpies sind australische Hütehunde, die vor allem Schafe treiben. Mit den Härten des Landstrichs kommen sie gut zurecht. Sie halten durch, wenn Sandstürme ihre Augen anschwellen lassen oder die Kehle vor Durst brennt. Ihren Job machen sie trotzdem.

Der rote Welpe hat einen ungewöhnlich dicken Pelz. Vielleicht haben in seinem Stammbaum noch andere Rassen mitgemischt, vielleicht war ein Cattle Dog darunter. Bald wächst ihm ein Kragen wie bei einem kleinen Bären. Auch wird er zäh werden wie seine Mutter. Nur eines wird er niemals sein: ein Hund, der arbeitet. Stattdessen macht er sich einen Namen, der weit über Australien hinausreicht – bis zum heutigen Tag.

Der bunte Hund

Colin Cummings mag Hunde, aber er mag es nicht, wenn sie ihm nicht gehorchen. Dann wird er aufbrausend. Seine Fäuste packen zu und schütteln den Hund, bis er jault. Der ehemalige Soldat lebt mit seiner Frau in einem Wohnwagenpark in Paraburdoo, im Herzen der westaustralischen Pilbara. Etwa vier Stunden fährt man von hier bis zur Küste. Vor Kurzem ist in der Nähe des Ortes eine Eisenerzmine erschlossen worden, und nun zieht Paraburdoo Wanderarbeiter aus ganz Australien an. Trailer für Trailer gesellt sich zu dem der Cummings.

Hier lebt der rote junge Kelpie, seitdem er drei Monate alt ist. Er heißt jetzt Tally Ho. Und auch wenn viele seiner Rasse vor Energie beinahe platzen – dieser Hund ist noch um einiges extremer. Immer wieder muss Cummings mit ihm zum Flugplatz fahren, ihn dort aussetzen, den Wagen wenden und in einer riesigen Staubwolke heimwärts rasen, damit der Hund Auslauf bekommt. Egal, wie heiß es auch sein mag, Tally Ho hetzt dem Auto nach und versucht, es einzuholen. Rund sieben Kilometer liegen zwischen dem Flugplatz und dem Wohnwagenpark. Aber sobald der Hund zu Hause ankommt, schleppt er sich nicht etwa hechelnd in den Schatten eines Baumes. Er bettelt darum, das Rennen zu wiederholen.

Und noch etwas ist anders als bei Cummings früheren Hunden: Tally Ho reißt immer wieder aus. Er verschwindet im Busch, jagt Beutelmarder und lässt sich tagelang nicht blicken. Kehrt er dann von seinen Streifzügen wieder heim, ist er alles andere als abgemagert.

»Ich glaube, der frisst sich irgendwo durch«, sagt Colin Cummings eines Abends zu seiner Frau, die sich wieder einmal Sorgen macht. Der Hund ist nun schon seit einer halben Woche fort.

»Meinst du, er kommt zurück?«, fragt sie.

»Na klar«, sagt Cummings. »Sein Fressnapf ist ihm immer noch wichtiger als alles andere.«

Was er nicht sagt: Nie hat der Hund gezeigt, dass er seine Menschen mag. Er scheint sich nicht an sie zu binden. Er kuschelt nicht, er hört nicht auf ihre Kommandos, und wenn Colin Cummings ihn bestraft, zeigt das keine nachhaltige Wirkung.

Als Tally Ho anderthalb Jahre alt ist, verlässt das Ehepaar Paraburdoo und zieht an die Küste, in die aufstrebende Stadt Dampier. Ein kolossaler Bauboom beherrscht den Ort. Hier entsteht gerade die Zukunft, dank der Eisenerzmine im Inneren des Landes und neuer Salzgewinnungsanlagen am Meer. Straßen werden angelegt, Siedlungen für Arbeiter errichtet. Eine Zugstrecke wächst, überall hämmert und dröhnt es.

Für den jungen Kelpie beginnt in Dampier eine aufregende Zeit. Statt der Beuteltiere jagt er nun Würstchen und Steaks – vor allem an den Wochenenden, wenn die halbe Stadt zu den Stränden pilgert, um dort zu picknicken. Was sein Hund tagsüber so treibt, erfährt Cummings unfreiwillig eines Sonntagnachmittags, als er mit Tally Ho einen Ausflug ans Meer macht.

Am Strand sitzen überall Leute. Sie legen Würstchen auf ihre Grills. Füllen sich die Teller mit Rippchen und Steaks. Beißen beherzt in ihre Koteletts. Cummings hält seinen Hund am Halsband fest und will an den Picknickdecken vorbei. Aber er kommt nicht weit. Ständig hebt jemand den Arm und ruft: »Hey, Red Dog, wie geht's?« Andere versuchen, den Kelpie zu sich zu locken, wedeln mit einem Würstchen. Von allen Seiten hört Cummings: »Red Dog, komm her!« – »Darfst du heute nicht?« – »Hierher, Red Dog! Dein Rippchen wartet!«

»Der Kerl ist bekannt wie ein bunter Hund«, erzählt Cummings am Abend seiner Frau, als er den Strand mit Mühe und Not hinter sich gebracht hat. »Apropos bunt: Die Leute am Strand nennen ihn Red Dog.«

Bald darauf gibt es »Tally Ho« nicht mehr. Der rote Hund streift seinen alten Namen ab und auch sein altes Leben. Nur drei Monate nach seiner Ankunft in Dampier geht er ein letztes Mal zur Tür der Cummings hinaus und kehrt nie zurück. Ungesehen verschwindet er in den Straßen Dampiers. Hat er sein Zuhause verlassen, um sich ein anderes zu suchen, eines, das ihm besser gefällt? Oder gibt er nur seinem unstillbaren Wandertrieb nach, der ihn umherziehen lässt wie ein Tramp?

Busfahren mit John

Es sind vor allem junge, alleinstehende Männer, die Dampier in diesen Tagen aufbauen. Sie kommen von überall her, haben ihre Familien zurückgelassen, schuften tagsüber hart und schlagen abends die Zeit tot. Da ist der ziegelrote junge Rüde, der immer öfter in den Arbeitersiedlungen aufkreuzt, eine willkommene Abwechslung. Er ist ein Wildfang, er ist verfressen. Mit ihm kann man wunderbar rangeln, weil er kräftig und robust ist – genau wie sie. Seitdem Red Dog auftaucht, steht in jeder Behausung immer eine Dose Hundefutter im Regal.

Vor allem das Betriebsgelände der Hamersley Iron Transport Company scheint es dem Hund angetan zu haben. Das Unternehmen gehört zur Erzmine. Von hier aus rollen die Güterzüge hinaus zu den Bergwerken im Pilbara-Outback, Busse bringen die Arbeiter zu ihren Jobs in der Stadt und den Nachbarorten. Es herrscht ein stetes Kommen und Gehen, ganz besonders im Busdepot, in dem Red Dog sich bald täglich blicken lässt, zur Freude der Mechaniker. Er darf sich in einer Ecke zusammenrollen, dem Treiben zusehen und die Reste der Mahlzeiten fressen. Eines Tages fällt den Männern auf, dass der Kelpie nicht wie früher verschwindet, sobald es dunkel wird. Wenn sie ihr Feierabendbier vor ihren Hütten oder Trailern trinken, ist der Hund immer noch da. Er liegt neben ihren Campingstühlen, lässt sich den Pelz kraulen. Und wenn sie morgens aufstehen, sehen sie Red Dog schon wieder. Irgendwo in ihrer Nähe verbringt er offenbar seine Nächte.

Aber es ist nicht nur das Gelände, das den Streuner anzieht. Er scheint Ausschau zu halten nach einem Menschen, einem

Freund. Ein junger Busfahrer weckt sein Interesse. John Stazzonelli ist bei der Hamersley Transport Company angestellt und fährt die Arbeiter zu ihren Baustellen. Er liebt Tiere, vor allem Hunde, und so hat er nichts dagegen, dass Red Dog immer öfter seine Nähe sucht. Eines Tages, als John seinen Dienst antritt, weicht ihm der Hund nicht mehr von der Seite. Er steigt in den Bus wie ein Fahrgast, klettert auf den Sitz direkt hinter dem des Fahrers und drückt sich in die Polster.

»Kumpel, das geht nicht. Raus hier«, sagt Stazzonelli und muss lächeln. Denn Red Dog blickt ihn erst unverwandt an und legt dann seinen Kopf auf die Vorderpfoten. So wie es aussieht, hat er nicht vor, den Bus zu verlassen. Beim nächsten »Raus mit dir!« schließt er die Augen und stellt sich schlafend.

Grinsend setzt sich Stazzonelli hinters Steuer. Dann soll der Hund halt mitfahren. Das wird ihm sicher bald langweilig, und dann geht er wieder streunen, so wie immer.

Aber Stazzonelli irrt sich. Red Dog entwickelt eine heiße Liebe für alles, was Räder hat, egal, ob Busse, Pick-ups, Lastwagen, Wohnmobile oder Güterzüge. Er begreift, dass ein Vehikel ihn über weite Strecken transportieren kann und er auf diese Weise noch viel mehr herumkommt. Aber zunächst einmal macht er klar, dass er einen festen Platz in Stazzonellis Bus hat: den ersten Sitz hinter dem Fahrer. Und dass »Kein Zutritt für Hunde« für seine Artgenossen gelten mag, aber nicht für ihn. Er ist kein Hund wie jeder andere, er ist Red Dog.

So sehen das auch die Menschen, die ihm jeden Tag begegnen. Es stört sie nicht, dass er kommt und geht, wie es ihm gefällt. Oder dass er sich überall durchfrisst und keine große Dankbarkeit zeigt, wenn sich jemand um ihn kümmert. Denn der Hund verkörpert mit jeder Faser seines kräftigen Leibes, was den Geist dieser Gegend ausmacht: unabhängig sein, seinen Weg gehen, sich nichts gefallen lassen. Auf ein Netzwerk von Freundinnen und Freunden zählen. Red Dog ist einer von ihnen. Und ob er ein Hund ist oder ein Mensch, tut dabei nichts zur Sache.

Das Beste aus zwei Welten

»Können Sie diesem Hund bitte sagen, er soll den Platz räumen?«, sagt eine junge Frau aufgebracht zu Stazzonelli. Sie hat den Bus in Karratha bestiegen, dem Nachbarort von Dampier. Feixende Arbeiter haben bereits alle Plätze belegt. Sie kann sich nirgendwo hinsetzen außer auf den Sitz, auf dem ein kräftiger Hund liegt. Raumgreifend, alle Viere von sich gestreckt.

»Das ist Red Dogs Platz, Miss!«, ruft einer der Kerle von hinten, und der Bus lacht.

»Das ist mir egal, ich will mich da hinsetzen«, entgegnet die Frau scharf.

Weil ihr niemand zu Hilfe kommt, hockt sie sich schließlich auf die Sitzkante und schiebt den Hund mit ihrem Körper zur Seite. Der hält mit seinem Leib dagegen, presst sich gegen sie, stößt ihr mit der Schnauze immer wieder in die Hüfte, und so entsteht ein stummer Kampf bis hinein nach Dampier. Das Spielchen wiederholt sich von nun an täglich. Keiner der beiden hat vor, nachzugeben. Die Männer im Bus schließen kichernd Wetten ab, wer gewinnt.

Zwei Wochen später setzt sich die junge Frau wie immer auf die Kante neben Red Dog, als etwas Unerwartetes geschieht.

Der Hund, der eben noch ausgestreckt dalag, rollt sich zusammen und gibt einen Teil seines Platzes frei. Die Frau kann sich nun bequem hinsetzen und ihre Tasche im Schoß halten. Bevor der Bus wieder anfährt, dreht sie sich zu den Arbeitern um und sagt laut: »Dieser Hund ist ein Gentleman. Im Gegensatz zu Ihnen!«

Red Dog reist nicht nur bei Stazzonelli mit, sondern auch in den Bussen der anderen Fahrer. Es dauert nicht lange, bis er die Routen der Transport Company auswendig kennt. Ab da steigt er aus und ein, wie es ihm gefällt. Er fährt mit den Buslinien nach Karratha und von dort aus weiter ins Inland. Oder an der Küste entlang südwärts und nordwärts. Will er wieder nach Dampier, setzt er sich an den Straßenrand und wartet auf den nächsten Bus, der des Wegs kommt. Jeder Fahrer hält für ihn an. Dann öffnet sich schnaufend die Vordertür, Red Dog springt ins Innere und besteigt seinen angestammten Platz. Ist ein Fahrer neu bei der Transportgesellschaft und will den Hund nicht mitnehmen, bekommt er es mit den Fahrgästen zu tun. Sie machen einen Höllenlärm, schreien ihn an und behaupten steif und fest, das sei schon immer so gewesen. Red Dog gehöre zu ihnen, dürfe mitreisen, und er, der Neue, habe sich gefälligst an die Gepflogenheiten zu halten.

Als Red Dog die Güterzüge entdeckt, fährt er manchmal hinaus bis zur Erzmine, in die Nähe seiner alten Heimat. Dort streift er wieder wie früher durch die Wildnis und jagt kleine Tiere. Bis es Zeit wird, nach Hause zu gehen. Denn so unstet er auch ist, er hat jetzt ein Heim. Es heißt John Stazzonelli.

Zurück in Dampier folgt Red Dog seinem Freund auf Schritt und Tritt. John hat den Hund nicht adoptiert, es verhält sich umgekehrt, aber das macht nichts. Sie passen gut zusammen. Beide sind jung, unbekümmert und haben sonst niemanden. Beide lieben es, unterwegs zu sein. An ihren freien Tagen reisen sie miteinander, einmal sogar bis nach Perth. Das ist die große Stadt am südwestlichen Zipfel des Kontinents, rund 1500 Kilometer von Dampier entfernt. Sie schauen sich in der Fremde um, bis es wieder zurückgeht, an der Küste entlang. Mit heruntergekurbelten Fenstern und Fahrtwind in Haaren und Fell.

Aber es gibt auch Tage, an denen Red Dog besser nicht dabei ist. John verabredet sich gern mit Frauen und geht am liebsten mit ihnen ins Autokino. Der Hund ist dort fehl am Platz. Erstens hat er immer wieder Blähungen, was dazu führt, dass es furchtbar im Auto stinkt. Zweitens ist er eifersüchtig. Hockt er auf dem Rücksitz, spürt John seine bohrenden Blicke im Nacken und kann sich weder auf den Film noch auf seine Begleitung konzentrieren. Außerdem schätzen nicht alle Frauen schmutzige, aufdringliche Hunde, während sie einen Mann daten.

Eines Abends ist es wieder so weit. Der Hund streunt durch Dampier – oder wo auch immer er stecken mag – und bekommt nicht mit, dass John sich in seinen Wagen setzt, seine neue Freundin abholt und mit ihr zum Autokino fährt. Als der Film beginnt, sitzen die beiden aneinandergekuschelt im Wagen und blicken durch die Windschutzscheibe auf die Leinwand. Sie neigen sich gerade zueinander, als es plötzlich vernehmlich an der Fahrertür kratzt.

»Verdammt, das gibt es doch nicht«, flucht Stazzonelli und löst sich aus der Umarmung. Er kurbelt das Seitenfenster herunter und blickt direkt in Red Dogs gelbe Augen. Wie ist das möglich? Wie hat der Kerl sie gefunden?

»Ist das dein Hund?«, fragt sie.

»Er ist nicht mein Hund«, antwortet John und öffnet den Wagenschlag.

Mit einem Satz springt Red Dog ins Auto und direkt auf Johns Schoß. Er quetscht sich zwischen den Sitzen hindurch nach hinten und lässt sich auf die Rückbank fallen. Dort ruckelt er sich zurecht und starrt dann nach vorn wie befürchtet. Nimmt den Blick nicht von John. Und als der sich wieder seiner Freundin zuwenden will, brummt es von hinten.

Das Leben mit John endet von einem Tag auf den anderen, als Red Dog vier Jahre alt ist. Sein Freund stürzt mit dem Motorrad auf der Strecke nach Dampier und stirbt noch an der Unfallstelle. Der Hund, der nicht ahnen kann, was passiert ist, sucht John wochenlang. Läuft die Bushaltestellen ab, wartet auf ihn im Busdepot der Hamersley Transport Company und vor Johns Hütte. Und scheint doch eines Tages zu begreifen, dass alles Warten und Suchen nichts hilft. Dass sein Freund nicht zurückkommt.

Es gibt nun kein Zuhause mehr, sondern nur noch das Fernweh. Red Dog wird endgültig zum Wanderer. Er zieht große Kreise, weit über Dampier hinaus. Auch sucht er von nun an keinen Menschen mehr, dem er sich anschließen kann. Er wird der Hund des Nordwestens, der überall Freunde hat. Und so gehört er niemandem mehr – oder allen.

Der Hund des Nordwestens

Sie erzählen sich abenteuerliche Geschichten über ihn, am Abend in den Pubs. Etwa wie Red Dog das Trampen für sich entdeckt hat und dabei die Leute zu Tode erschreckt. Wenn er mitfahren will, setzt er sich nicht etwa brav an den Rand der Piste, wie er es bei den Bussen tut. Nein, er springt einem direkt vor den Kühlergrill, sodass man mit voller Wucht in die Bremsen steigen muss, um ihn nicht über den Haufen zu fahren. Steigt man dann erschrocken aus, nutzt er die Gelegenheit und springt durch die offene Tür ins Auto.

»Und glaub mal ja nicht, dass er dort aussteigt, wo du hinfährst«, sagt einer in der Kneipe zu seinem Kreis aus Zuhörerinnen und Zuhörern. »Der Kerl bleibt in deinem Wagen hocken, bis er genau da angekommen ist, wo er hinwill.«

Wer ihn also mitnimmt, muss darauf gefasst sein, dass Red Dog nicht vom Beifahrersitz steigt, solange er sein Ziel nicht erreicht hat. Da fahren Leute, die eigentlich nur von der Arbeit nach Hause wollen, etliche Kilometer Umweg, bis sie erraten haben, was der Hund im Sinn hat. Will er zum Busdepot nach Dampier? Nein, offenbar nicht. Er bleibt stoisch im Wagen hocken. Will er zu den Arbeitersiedlungen? Auch nicht. Dann vielleicht hinaus zum Wohnwagencamp zwischen Karratha und Dampier? Dort wohnt eine Tierliebhaberin namens Nancy Gillespie, bei der sich Red Dog öfter zum Essen einlädt. Und wenn der Hund dann endlich vom Sitz springt und verschwindet, ohne sich umzudrehen, wischen sich seine Chauffeure den Schweiß von der Stirn.

»Stell dir mal vor«, sagt der Mann im Pub. »Du hast Feierabend, nimmst den Kerl mit, und der will nach Perth.«

Doch so lästig Red Dog auch manchmal sein mag: Er ist längst eine lokale Größe, so etwas wie das Wahrzeichen seiner Region. Fast jeder kennt ihn, die meisten haben einen Narren an ihm gefressen und sind zur Stelle, wenn Red Dog etwas will. Manche würden ihn auch gern adoptieren, bieten ihm weiche Kissen und Körbchen an, braten ihm Steaks. Nur um festzustellen, dass er Tage später doch wieder das Weite gesucht hat, auf dem Weg zu anderen Wohltäterinnen und Wohltätern oder mit unbekanntem Ziel.

Als Ron O'Keefe ihm zum ersten Mal begegnet, braucht der Hund dringend Hilfe. Er kauert am Straßenrand und leckt sich sein Hinterbein. Offenbar ist er beim Trampen von der Pritsche eines Pick-ups gefallen und hat sich verletzt. Ron O'Keefe hält mit quietschenden Reifen vor Red Dog und sieht, wie der Hund nach dem Aufstehen humpelt. Er kann nicht in den Wagen springen, O'Keefe muss ihm helfen.

Kein Zweifel, der Rüde muss zum Tierarzt. Und der Mann zur Arbeit. Da kann man nicht einfach wegbleiben, nur weil man sich um ein Tier sorgt. Aber Ron O'Keefe ist nicht nur ein versierter Automechaniker, er ist auch Gewerkschafter bei der Union der Transportarbeiter. Einem Gewerkschaftsmitglied während der Arbeitszeit zu helfen, das geht. Und so kommt es, dass Red Dog nicht nur beim Tierarzt versorgt, sondern auch bei der Transport-Union angemeldet wird, als ordentliches Mitglied. Und wo O'Keefe schon mal dabei ist, lässt er den Hund auch noch im Sportclub von Dampier eintragen und bei der Behörde registrieren, damit er nicht mehr als Streuner gilt. Aus Red Dog, dem Herumtreiber, wird auf diese Weise ganz offiziell der »Hund des Nordwestens«. Und das heißt, er darf in seinem Revier herumwandern, wie es ihm gefällt. Der Nordwesten ist weit.

Ron O'Keefe reiht sich ein in den Kreis aus Unterstützerinnen und Unterstützern, die schützend ihre Hände über Red Dog halten. Auch wenn der Hund nicht bei ihm bleiben will, sondern nur hin und wieder zum Essen hereinschneit. Aber das gefährliche Leben, das der Kerl führt, muss in irgendeiner Weise abgesichert werden. Und so eröffnet O'Keefe schließlich ein Konto bei der Bank of Wales – auf den Namen Red Dog. Wer auch immer in der Gewerkschaft oder im Sportclub oder in den Gemeinden einen Obolus für Tierarztkosten übrighat, kann ihn nun aufs Konto einzahlen. Im Lauf der Jahre kommt tatsächlich eine kleine Summe zusammen, die der Gesundheitsversorgung des Hundes dient. Und die Bank of Wales legt sich einen neuen Werbespruch zu: »Wenn Red Dog bei uns ein Konto haben kann, kannst du es auch.«

Alle für einen

Im Laufe seines Lebens durchquert Red Dog den westaustralischen Kontinent von Broome im Norden bis in den Südwesten nach Perth – das ist eine Strecke von mehr als 2200 Kilometern. Er schließt sich Familien an, die in die Ferien fahren, und lässt sich von ihnen ans Meer, in die Urlaubsorte und in die großen Städte bringen, wie ein Tourist, der einer Reisegesellschaft angehört. Wenn es ihm vor Ort nicht gefällt, kehrt er direkt wieder um und trampt zurück nach Dampier, das seine Heimatstation bleibt.

Dass jemand ihn nicht mag, kommt selten vor. Aber es gibt solche Leute. Zwei von ihnen verwalten ausgerechnet das Gelände des Wohnwagenparks, in dem Nancy Gillespie mit ihrem Ehemann lebt. Red Dog kreuzt oft bei den Gillespies auf, kratzt an der Tür ihres Trailers und lässt sich von ihnen durchfüttern. Manchmal bleibt er auch über Nacht. Dabei sind Hunde auf dem Gelände verboten. Das Hausmeisterpaar, das über den Park wacht, hat Red Dog mehr als einmal dabei erwischt, wie er im Gillespie-Wohnwagen verschwindet.

»Das muss aufhören«, sagt die Verwalterin eines Morgens zu Nancy Gillespie. »Wenn ich diesen Hund noch einmal hier sehe, fliegen Sie raus.« Normalerweise verstecken die Trailer-Leute ihre Tiere vor dem Wächterpaar. Aber Nancy hat nicht aufgepasst. Auch verspürt sie wenig Lust, sich herumkommandieren zu lassen. Es kommt zum Wortgefecht zwischen den beiden Frauen.

Am Ende gehen sie schreiend auseinander. Stunden später findet Nancy einen Zettel an ihrem Wohnwagen. Es ist ein Platzverweis. Schon am nächsten Tag soll Nancys Trailer aus dem Park gezogen werden, das Hausmeisterpaar persönlich will ihn entfernen.

Der Zettel macht die Runde unter den Bewohnerinnen und Bewohnern des Parks. Bei Sonnenaufgang am anderen Tag herrscht auf dem Gelände eine ungewöhnliche Betriebsamkeit. Autos fahren hin und her, Grüppchen von Menschen finden sich an den Wegkreuzungen zusammen. Als die beiden Parkwächter vor ihre Tür treten, sehen sie sich umzingelt von Gefährten aller Art. Die Leute haben sie heillos zugeparkt. Kreuz und quer stehen Pick-ups und Kleinwagen um ihr Auto herum, es gibt kein Durchkommen. Und als wäre das noch nicht genug, kündigt sich am selben Tag auch noch Besuch aus Dampier an. Nancy Gillespie hat sich an die Hamersley-Transportgesellschaft gewandt und den Arbeitern erzählt, dass sie Ärger wegen Red Dog hat. Dass sie ihr Zuhause verlieren soll.

»Das wird nicht geschehen«, brummt einer der Männer und blickt in die Gesichter seiner Kollegen.

Und jetzt sind sie im Anmarsch. Eine Gruppe Hamersley-Arbeiter nähert sich dem Wohnwagen des Hausmeisterpaares. Sie öffnen die Tür, betreten nacheinander den Trailer. Was da drin verhandelt wird, bleibt ein Geheimnis. Doch am anderen Tag ist an der Stelle, wo die Parkwächter gewohnt haben, ein leerer Fleck. Ihr Wohnwagen ist verschwunden, die beiden sind fort.

Und Red Dog besucht weiterhin Nancy Gillespie, wie es ihm passt. Insgesamt streift er acht Jahre lang durch die Pilbara. Jede Einladung, sich niederzulassen, schlägt er aus. 1979 stirbt er an einer Strychnin-Vergiftung. Ob ihm das Gift absichtlich in einem Köder verabreicht wurde oder ob er es aus Versehen gefressen hat – niemand weiß es. Tagelang kämpft der rote Hund um sein Leben, betreut von einem Tierarzt, der ihn viele Male behandelt hat und nun alles versucht, ihn zu retten. Aber dann ist es doch vorbei, und Red Dog, der so viele Leben besaß, mehr als eine Katze, hat sich aufgemacht zu seiner letzten großen Reise.

Als der Hund sich nicht mehr rührt, nimmt der Tierarzt ihm das Halsband ab. Auf der Außenseite steht nur sein Name »Red Dog«. Innen jedoch hat jemand seine Geschichte aufgeschrieben, zusammengefasst in einem einzigen Satz: »Ich war überall, mein Freund.«

Chaser

Das Genie

Hunde sind dumm, davon waren Forschende bis in die 1990er-Jahre überzeugt. Doch dann kam Chaser. Die Border-Collie-Hündin kannte die Namen von mehr als 1000 Gegenständen und zeigte der Wissenschaft, wie falsch sie lag. Bis heute gilt Chaser als klügster Hund der Welt.

Die Flammen schlagen hoch in dieser Nacht. Sie fressen sich durch einen gewaltigen Berg getrockneter Holzscheite. Werfen ihren Widerschein auf faltige Gesichter und auf die schwarz-weiß gescheckten Felle der Border Collies, die ausgestreckt neben ihren Haltern schlafen. Es ist Oktober im Jahr 2000. Auf der Farm des Border-Collie-Züchters Wayne West in South Carolina sitzen zwei Dutzend Hundetrainer und Schafhalter am Lagerfeuer. Unter ihnen befindet sich auch ein Wissenschaftler namens John W. Pilley. Er forscht zu Hunden und ist ein guter Freund des Gastgebers. Alle in diesem Kreis kennen ihn.

Ab und zu greift einer der Männer hinter sich und legt ein Scheit nach. Der Tag war turbulent, wie immer, wenn Wayne zu seinen Züchterwochenenden einlädt. Vorträge wurden gehalten, Welpen besichtigt, und viele Border Collies haben gezeigt, wie sie Schafe treiben. Jetzt ist ringsum nur noch Gemurmel zu hören, manchmal lacht jemand leise. Da erhebt sich plötzlich eine Stimme.

»Doc!«, sagt ein bulliger Farmer über das Feuer hinweg zu John Pilley, der auf der anderen Seite in einem Campingstuhl sitzt. »Erzähl uns was von deinen Forschungen. Was gibt's Neues?«

Pilley hebt den Kopf. Er ist 72 Jahre alt, hager, mit schlohweißem Haar. Seine Beine hat er lang in Richtung des Feuers ausgestreckt. Früher war er Psychologieprofessor am benachbarten Wofford College. Nun ist er pensioniert. Doch mit seinen Forschungen macht er weiter, beschäftigt sich vor allem mit der Intelligenz von Hunden. Dabei treiben ihn seltsame Fragen um: Können Hunde die Bedeutung von Wörtern verstehen? Begreifen sie deren Sinn, wenn wir sagen: Hol den Ball, bring das Stöckchen? Oder befolgen sie einfach nur unsere Kommandos? Sind sie also nur dressierte Einfaltspinsel – oder steckt ein Geist zwischen ihren puscheligen Ohren, der weitaus mehr versteht, als man ihm zutraut?

Von diesen Forschungen will der Farmer jetzt etwas hören.

»Nun«, sagt Pilley und setzt sich auf, »ich muss sagen: Die letzten Ergebnisse waren enttäuschend.« Er macht eine Pause. Die anderen haben schlagartig aufgehört zu murmeln. Pilley gilt als begnadeter Erzähler. Versonnen blickt er auf die Runde der Border Collies, die am Feuer liegen. Das sind Arbeitstiere. Unverzichtbar für jeden, der Schafe hält. Alle diese Hunde haben gelernt, Schafe zu treiben. Sie bringen sie in den Stall oder auf andere Weideplätze. Dabei agieren sie auf Zuruf und brauchen nur wenige Kommandos. Ein guter Hütehund weiß sogar, was als Nächstes zu tun ist. Er verhält sich wie ein Assistent, der mitdenkt. Und dann gibt es noch die großen Könner, die ihre Arbeit selbstständig verrichten, ohne menschliche Hilfe. Jeder der Farmer hier kennt die Geschichte von dem Hütehund Sirrah aus Schottland, der in einer Sturmnacht 700 entlaufene Schafe ganz allein zusammentrieb. Die Tiere waren panisch aus ihrem Pferch ausgebrochen und ins Moor gelaufen. Der Hund fand jedes einzelne Schaf und trieb es in eine Schlucht, hielt die Herde dort zusammen, bis am Morgen der Hirte dazukam. Und beim Durchzählen feststellte: Kein einziges Schaf war verloren gegangen. Dass es sich dabei um eine Legende aus alten Zeiten handelt – mit ungewissem Wahrheitsgehalt –, ist nicht wichtig. Entscheidend ist, dass alle in dieser Runde die Geschichte für glaubhaft halten. Denn ihre Collies, so denken sie, hätten das auch hingekriegt.

Pilley jedoch reichen Anekdoten nicht. Er sucht nach Beweisen. Wortverständnis zum Beispiel – das wäre ein starker Beleg für eine Denkleistung, die Hunden nicht zugetraut wird. Aber genau daran beißt Pilley sich seit Jahren die Zähne aus. Wenn er Hunden beibringen will, dass Gegenstände Namen haben, dass es eine Verknüpfung gibt zwischen einem Ding und seiner Bezeichnung, scheitert er jedes Mal. Das hat sich in allen Experimenten gezeigt, die er am College durchführte, entweder mit seinem früheren Hund Yasha oder mit den Tieren der Mitarbeitenden. Legte er willkürlich ausgewählte Spielzeuge auf den Boden, schauten ihm die Hunde zwar gebannt zu. Doch wenn Pilley sagte: »Hol das Frisbee«, und auf dem Boden lagen noch Bälle, Ringe und Teddybären, griffen sie willkürlich zu, schnappten sich irgendwas. Klappte es doch einmal, und sie brachten das Gewünschte, war das einfach nur Zufall. Weshalb

Pilley das Fazit zog: Nein, Hunde verstehen nicht, was wir sagen. Sie begreifen nicht, dass Gegenstände Namen haben und dadurch unterscheidbar sind.

»Ich glaube also«, sagt Pilley nun am Lagerfeuer, »dass Hunde noch nicht mal ihren eigenen Namen verstehen. Sie haben nur gelernt, auf dieses Signal hin besonders aufmerksam zu sein. Aber die Bedeutung von Wörtern erkennen?« Wieder macht Pilley eine Pause und starrt in die Flammen. Dann seufzt er: »Fehlanzeige.«

Wo liegt der Fehler?

Niemand sagt etwas. Als das Schweigen anhält, spürt Pilley, dass die gelöste Stimmung dahin ist und sich Unbehagen breitgemacht hat. Er hebt den Kopf. Blickt reihum in betretene Gesichter.

»Das also hat die Wissenschaft herausgefunden, ja?«, sagt der bullige Farmer mit der lauten Stimme. Pilley nickt und hebt beschwichtigend die Hände.

»Dann soll die Wissenschaft mir doch mal sagen, warum mein Hund hier«, der Farmer klopft seinem dösenden Border Collie auf den Pelz, »jedes einzelne Schaf mit Namen kennt.« Zustimmendes Gemurmel in der Runde.

»Und wie er es schafft, jedes Tier aus der Herde herauszuholen und zu mir zu treiben, sobald ich ihm den Namen sage.« Wieder Brummen ringsum, einige Farmer nicken.

»Das kann er sogar, wenn er die Herde gar nicht sieht. Wie macht mein Hund das, Doc?«, fragt der Farmer, »wenn er das doch gar nicht kann? Oder bin ich auf den Kopf gefallen, und das alles ist bloß Zufall?«

Jetzt bricht die Runde in Lachen aus. Aber es ist ein gutmütiges Lachen, das die Spannung löst. Gleich darauf werden Stühle nach hinten geschoben, einige Farmer stehen auf und strecken sich. Auch ein paar Hunde kommen auf die Beine, schütteln sich von Kopf bis Fuß. Pilley bleibt sitzen. Er hat sich in seinem Campingstuhl nach vorn gebeugt und starrt in die Glut. Sein Freund Wayne klopft ihm im Vorbeigehen auf die Schulter. Pilley reagiert nicht. Er sieht auch nicht die Flasche Bier, die ihm jemand von hinten reicht. In seinem Kopf bewegt sich nur noch ein Gedanke, in vielen Variationen: Kann es sein, dass ich mich irre?

Warum gelingt mir nicht, was für diese Männer ganz normal ist? Bin ich die Sache falsch angegangen? Taugen meine Forschungsmethoden nichts? Wo liegt der Fehler?

Vier Jahre später wird Pilley eine Hündin namens Chaser haben, die ihm zeigt, wie und wo er sich geirrt hat. Für Chaser ist das ein Klacks: Sie ist der klügste Hund der Welt.

Startschuss

Seit dem Abend am Feuer lässt die Sache dem Forscher keine Ruhe mehr. Er liest Buch um Buch, wie Schäfer mit ihren Border Collies arbeiten, löchert Farmer und Trainerinnen mit seinen Fragen. Aber wie es den Hunden gelingt, sich die Namen von Schafen zu merken, weiß er immer noch nicht. Er ist Wissenschaftler, er sucht nach Studien. Doch es gibt keine.

Es wird ihm nichts anderes übrigbleiben, als sie selbst zu machen.

Und so tapst am 28. Juni 2004 ein Welpe mit ungelenken Pfoten im Garten der Pilleys herum. Er steckt seine Nase ins Gras, schnüffelt am Zaun, plumpst auf sein Hinterteil und zeigt beim Gähnen nadelspitze kleine Zähne. Es ist eine winzige Border-Collie-Hündin aus der Zucht von Wayne West, gerade mal acht Wochen alt. John und seine Ehefrau Sally nennen sie anfangs nur »Welpe«. Sie wollen ihr einen Namen geben, der zu ihr passt, und dazu müssen sie ihre Hündin erst einmal kennenlernen.

Doch von Tag eins an beginnt John, mit ihr zu trainieren. Die Kleine sieht ausnehmend hübsch aus mit ihrem schwarzen Augenkringel und dem weißgescheckten Fell. Für einen Border Collie, der Schafe treiben soll, ist die helle Farbe nicht so günstig. Farmer bevorzugen dunkle Hunde, die sich besser von der Herde abheben. Aber John Pilley hat keine Schafe. Er hat stattdessen Spielzeuge, einen ganzen Einkaufswagen voll. Sie stapeln sich in Kisten: Bälle, Stofftiere, Puppen, Frisbees, Quietschspielzeuge, Taue und Ringe, die er in den Wochen vor Ankunft der Kleinen zusammengekauft hat. Das sind die Objekte, mit denen sie lernen soll, einen Gegenstand und seine Bezeichnung miteinander zu verknüpfen. So wie Hütehunde die Namen ihrer Schafe lernen. Im Grunde hat Pilley eine Ersatzherde besorgt.

Sein Training, das schon am frühen Morgen beginnt und bald vier bis fünf Stunden pro Tag umfasst, orientiert sich an den Erkenntnissen zum menschlichen Spracherwerb, etwas anderes hat er ja nicht. Er weiß, dass Kleinkinder sehr viel schneller sprechen lernen, wenn ihre Eltern beständig mit ihnen reden. Auch Wayne hat dem Forscher noch einen Tipp mit auf den Weg gegeben: »Border Collies reagieren enorm sensibel auf die Art, wie du mit ihnen sprichst. Je ruhiger deine Stimme ist, desto stärker konzentrieren sie sich auf das, was du sagst.«

Also kniet Pilley nach dem morgendlichen Gassigang auf dem Fußboden und lockt seinen Welpen mit einem Käsestückchen in der Hand und dem Wort »hier« zu sich. Immer größer werden die Abstände zwischen Käsehappen und Hund, erst einen Meter, dann zwei. Läuft der Welpe auf Pilley zu, gibt es nicht nur eine leckere Belohnung, sondern auch jede Menge Lob und Streicheleinheiten. Erstaunt stellt der Forscher fest, dass seiner Hündin der Käse gar nicht so wichtig ist. Die freundlichen Worte bedeuten ihr viel mehr.

Überhaupt ist sie mit großer Begeisterung bei der Sache. Denn Pilley hat seine Trainingsmethode abgewandelt. Sein verstorbener Hund Yasha lernte zwar auch mithilfe von Belohnungen, nach jedem geglückten Kommando bekam er ein Leckerchen und begriff allmählich, was Pilley von ihm wollte. Aber wirklich spielerisch war sein Training nicht. Für Yasha mussten sich die vielen Wiederholungen eher wie Arbeit angefühlt haben. Genau das will Pilley jetzt vermeiden. Hingebungsvoll spielt er mit seinem Welpen, das Training geschieht praktisch nebenbei. So wirft er schon in aller Herrgottsfrühe einen Plüschhasen durchs Zimmer, sieht zu, wie die Kleine vergnügt dem Spielzeug nachsetzt. Und sagt dann leise: »Bring Hase.«

Eine Bombe platzt

Wenn sie es tut, überschüttet er sie mit Lob. Dann folgen alberne kleine Spielsequenzen und liebevolles Kraulen am Bauch.

Bald fällt John Pilley auf, dass die Hündin sich an das Wort »Hase« zu erinnern scheint. Spricht er es aus, rennt sie auf genau dieses Spielzeug zu und packt es mit ihrer Schnauze. Begreift sie etwa, dass »Hase« ein bestimmtes Objekt ist und »Tiger« ein anderes? Inzwischen kann sie tatsächlich schon ein paar Stofftiere voneinander unterscheiden, und es sieht nicht aus wie Zufall.

Mitten hinein in Pilleys Überlegungen platzt eine Bombe, nur drei Wochen nach Ankunft des Welpen.

Die Bombe ist eine Studie aus Deutschland. Forschende am Leipziger Max-Planck-Institut für evolutionäre Anthropologie haben mit einem Border Collie namens Rico gearbeitet, der sich rund 200 Namen von Objekten merken kann. Der Hund ist neun Jahre alt. Er hat ein Zuhause bei aufgeweckten Menschen, die ihm all diese Bezeichnungen beigebracht haben. Seine Fähigkeiten bescheren Rico sogar einen Auftritt in der Fernsehshow »Wetten, dass …?«, wo er im Lauf der Sendung mehr als siebzig Spielzeuge aus einem Haufen heraussucht, sobald man ihm die entsprechenden Namen sagt. Das weckt das Interesse der Leipziger Forschungsgruppe, und so beginnt das Team, Rico zu testen.

Von den 200 Objekten, die der Hund mit Namen kennt, wählen die Forschenden willkürlich einige aus und verteilen sie auf dem Boden im Versuchsraum. Rico und sein Halter warten so lange in einem anderen Zimmer. Sie können also nicht sehen, welche Spielzeuge ausgelegt werden. Das ist wichtig, weil sich nur so der »Kluge-Hans-Effekt« vermeiden lässt, eine gefürchtete Falle in der Erforschung der tierischen Intelligenz.

Der »Kluge Hans« war ein Pferd, das Anfang des 20. Jahrhunderts Furore machte, weil es angeblich rechnen konnte. Sein Besitzer zog mit ihm über die Marktplätze und ließ es öffentlich Rechenaufgaben lösen. Fragte er sein Pferd: »Wie viel ist drei plus vier?«, schlug Hans siebenmal mit dem Vorderhuf auf den Boden. Er konnte auch Minusaufgaben lösen oder multiplizieren – zumindest zeigte er das Ergebnis mit der korrekten Anzahl von Hufschlägen an. Bis eines Tages herauskam, dass das Pferd nichts anderes tat, als äußerst feinfühlig Menschen zu beobachten. Es reagierte auf winzigste Körpersignale der Umstehenden. Hatte es die richtige Zahl per Klopfen erreicht, veränderten sich Mimik und Körperspannung im Publikum auf besondere Weise. Diese Veränderung erkannte Hans, hörte auf zu klopfen und brachte es so auf eine Erfolgsquote von rund neunzig Prozent. Mit Rechenkunst hatte das Ganze nichts zu tun. Dafür umso mehr mit der extremen Beobachtungsgabe, die Tiere gegenüber Menschen entwickeln können. Manche von ihnen lesen in uns wie in einem Buch.

Damit es also keinen Kluge-Hans-Effekt gibt, arbeitet Rico allein im Versuchsraum. Erst nennt ihm sein Halter nebenan die Namen zweier Gegenstände, die er bringen soll, dann flitzt der Hund los. Von den insgesamt vierzig Spielzeugen, die das Forschungsteam ausgelegt hat, pickt er 37 richtig heraus. Das ist weit mehr, als per Zufall möglich wäre. So kommt das Forschungsteam zu dem Schluss, dass Rico die Bezeichnungen der Gegenstände tatsächlich kennt. Mehr noch, das Team schreibt als Fazit: »Ricos ›Wortschatz‹ ist vergleichbar mit dem von sprachlich geschulten Affen, Delfinen, Seelöwen und Papageien.« Von richtig klugen Tieren also. Dass Hunde dumm sein sollen, hat sich spätestens mit dieser Forschungsarbeit erledigt.

Pilley ist hingerissen. Die Studie stammt von einem renommierten Institut und ist in einem angesehenen Fachmagazin erschienen, in *Science*. Vor allem ein Experiment macht mächtig Eindruck auf ihn: Hört Rico ein Wort, das ihm neu ist, wählt er aus seinen Spielsachen ein unbekanntes Ding aus. Er scheint also zu kombinieren: neuer Name = kenne ich nicht = muss ein neues Spielzeug sein. Was auch zeigt: Mit Dressur hat Ricos Können nichts zu tun. Er kombiniert, denkt selbstständig und zieht eigene Schlüsse. Dass sich ein Hütehund die Namen von Schafen merken kann, liegt für Pilley nun auf der Hand. Die Farmer am Lagerfeuer hatten recht.

Es geht voran

Plopp, plopp. Plopp, plopp, plopp. Und wieder: Plopp, plopp, plopp. Die Pilleys blicken sich irritiert an. Das Geräusch kommt von der Treppe. Es ist spät am Abend, John und Sally sitzen vor dem Fernseher. Ihr Hund liegt in einem seiner Körbchen und schläft. Denken sie. Aber woher kommt dann das Plopp, plopp?

»Chaser?«, ruft Pilley in den Flur. Inzwischen hat der Welpe einen Namen, allerdings einen unrühmlichen. Die Hündin ist mit einem verhängnisvollen Jagdtrieb ausgestattet, vor allem rennt sie gern Autos hinterher. Der Name »Jägerin« ist also mehr als passend.

Plopp, plopp. Plopp, plopp, plopp.

Pilley stemmt sich aus seinem Sessel und geht in den Flur. Oben auf dem Treppenabsatz kauert Chaser. In ihrer Schnauze klemmt ein Gummiball. Ihre Rute schlägt heftig auf den Boden, als sie Pilley sieht. Und dann, mit einer raschen Kopfbewegung, schleudert sie den Ball über die Stufen. Er hopst in hohen Sprüngen die Treppe hinunter, an Pilley vorbei, schlägt unten auf, rollt im Wohnzimmer aus. »Wieso kann der Hund sein Spielzeug nicht festhalten?«, denkt Pilley, holt den Ball und wirft ihn hoch zu Chaser. Sie fängt ihn mit einem Schnappen in der Luft, kauert sich wieder zu Boden und lässt ihn erneut mit einem Kopfschnicken über die Stufen springen.

Pilley steht unten am Treppenabsatz. Er rührt sich jetzt nicht mehr, wartet ab, was geschieht. Einen Augenblick später läuft Chaser treppabwärts, sucht nach dem Ball. Findet ihn, rennt wieder nach oben und beginnt das Ganze von Neuem. »Sie hat ein Spiel erfunden«, denkt der Forscher. Und zwar eines, das sie allein spielen kann, das aber auch zu zweit funktioniert. Nun fängt er den Ball, der ihm entgegenhopst, und wirft ihn wieder nach oben. Chaser schnappt ihn, und bald spielen die beiden miteinander, hingebungsvoll und selbstvergessen. Fast sieht es aus wie ein Tennismatch ohne Schläger.

Nicht erst seit diesem Abend weiß Pilley, dass das tägliche Training seine intelligente Hündin noch um einiges schlauer gemacht hat. Chaser lernt in unheimlichem Tempo. Sie verknüpft immer schneller einen Gegenstand mit seinem Namen. Als sie die Rico-Marke von 200 Wörtern knackt, ist sie gerade mal acht Monate alt. Täglich lernt sie die Namen neuer Spielzeuge und kann sie mittlerweile auch mit unterschiedlichen Aktivitäten kombinieren: bringen, schütteln, mit der Nase oder mit der Pfote anstupsen.

»Bring Mickey Mouse«, sagt Pilley, und Chaser durchwühlt ihren Spielzeughaufen, bis sie die Disney-Figur findet. Nimmt sie zwischen die Zähne und legt sie ihm zu Füßen.

»Schüttle Fuchs«, sagt er, woraufhin die Hündin in das rote Plüschtier beißt und es sich um die Ohren schlägt.

»Chaser, Suzie nasestupsen!« Suzie ist eine kleine Stoffpuppe mit schwarzem Haar. Chaser springt auf sie zu und berührt sie mit ihrer Nase.

»Gutes Mädchen«, sagt Pilley und krault Chasers Ohren.

Denn so sehr sich der Forscher auch für die Studie aus Deutschland begeistert, die Fachwelt hat einiges daran auszusetzen. Ein Kritiker moniert, die Arbeit könne nicht beweisen, dass Rico tatsächlich die Bedeutung von Wörtern versteht. Schließlich habe der Hund nur eine einzige Handlung in Verbindung mit einem Namen gelernt: Bring dies, bring das, bring jenes. Ein echtes Wortverständnis aber müsse tiefer reichen und Objektnamen auch mit anderen Aktionen verknüpfen. Hätte der Hund zum Beispiel einen Gegenstand auf Zuruf in eine Kiste gelegt oder mit der Nase berührt, dann, ja dann …

Rückschläge

Längst denkt John Pilley an eine eigene Studie. Deshalb will er schon im Vorfeld alle Einwände entkräften, die es bei der Leipziger Arbeit gegeben hat.

Im Frühling 2007 ist Chaser drei Jahre alt. Sie kennt nun die Namen von mehr als 1000 Spielsachen, die Pilley in großen, transparenten Plastikboxen aufbewahrt. Schüttet er alle Gegenstände im Garten aus, bilden sie einen meterhohen Berg, neben dem der Hund fast verschwindet. Zu Chasers Sammlung gehören rund 800 Stofftiere, 116 Bälle, 26 unterschiedliche Frisbeescheiben und mehr als 100 Plastikspielzeuge, die so seltsame Bezeichnungen tragen wie »Dschungelkönig«, »Marylin Monroe«, »Pfefferminz« oder »Schlaue Eule«. Denn Pilley gehen allmählich die Namen aus. Längst ist er außerstande, sich alle zu merken. Er muss sie in Listen notieren, mit den dazugehörigen Fotos.

Chaser hingegen hat jede einzelne Bezeichnung im Kopf.

Fügt Pilley dem Spielzeugberg ein neues Ding hinzu, kann seine Hündin es zuverlässig finden, wenn er einen Namen sagt, den sie noch nicht kennt. Sie hat auch Oberbegriffe gelernt, sogenannte Kategorien. Ein kleiner gelber Tennisball gehört in die Kategorie »Ball«, genau wie ein großer blauer aus Gummi oder ein gestreifter aus Filz. Ruft Pilley das Wort »Ball«, kann sie alles, was ein Ball ist, einsammeln und auf einen Haufen oder in eine Kiste legen.

Das ist so viel mehr, als Rico gezeigt hat.

Aber reicht das?

Solange Forschende keine Studie veröffentlichen, sind sie in der Welt der Wissenschaft unsichtbar, egal, wie spektakulär ihre

Entdeckungen auch sein mögen. Man braucht ein Fachjournal, möglichst ein renommiertes, das abdruckt, was man herausgefunden hat. Pilley weiß das. Und holt sich trotzdem eine blutige Nase nach der anderen.

Er schickt seine Arbeit mit Chaser an die Redaktion von *Science*. Das ist das Fachblatt, das vor drei Jahren die Rico-Studie abgedruckt hat. Es gibt nur wenige Journale mit einem so guten Ruf. Wer dort publizieren will, muss wirklich alles richtig machen.

Nach Wochen des Wartens kommt eine kurze Mail: Der Abdruck wird abgelehnt, ohne große Begründung. Pilley ist 79 Jahre alt und forscht allein vor sich hin. Könnte die Absage auch damit zu tun haben?

Er will es noch einmal probieren, aber diesmal nicht nur auf sich gestellt. Für die Überarbeitung seiner Studie sucht er sich einen Mitstreiter: Alliston Reid, seinen früheren Assistenten. Der ist inzwischen selbst Tierverhaltensforscher mit einem exzellenten Ruf. Außerdem ist er gut vernetzt und überzeugt von Pilleys Forschung. Die beiden stürzen sich kopfüber in die Arbeit, drehen Videos, die Chasers Fähigkeiten demonstrieren, und fügen der Studie Grafiken bei. Dann schicken sie ihre Arbeit noch einmal los, an ein anderes Fachmagazin.

Wieder kommt eine Absage. Diesmal aber werden wenigstens Gründe genannt. Einer der Gutachter bemängelt, dass die Forscher das Wort »Wort« benutzt haben. Das sei bei Tieren nicht angebracht, schreibt der Mann, denn die könnten ja nicht wie Menschen sprechen. Man hätte stattdessen den Begriff »Bezeichnung« wählen müssen.

Pilley greift sich an den Kopf. Nie zuvor hat ein Hund gezeigt, was Chaser kann – und dann scheitert die Sache an Spitzfindigkeiten?

Es dauert Wochen, bis Pilley sich von dem Rückschlag erholt hat. Täglich wandert er mit Chaser durch die Stadt. Im Morgengrauen gehen sie an Basketballplätzen vorbei, werfen sich dort ein paar Bälle zu, wie bei ihrem Plopp-plopp-Spiel auf der Treppe. Aber das Training ist vorerst gestoppt. Pilley bringt es nicht über sich, mit Chaser zu üben. Dass sie ihm abends Spielzeuge vor die Füße legt, ignoriert er und starrt auf den Fernsehbildschirm. Wie soll er nur weitermachen?

Erst wenn sie sich auf ihre Hinterbeine stellt und ihm mit der Schnauze ins Gesicht stuppst, schafft er es, sich aufzuraffen und ein wenig mit ihr zu spielen.

Dabei reift in seinem Inneren längst eine neue Idee. Sie braucht nur Zeit, um ans Licht zu finden. Mag die Tür der Wissenschaft auch verschlossen sein, es gibt noch eine andere: die der Öffentlichkeit.

Zeig der Welt, was du kannst, Chaser.

Heimspiel

Etwa 100 Studentinnen und Studenten der Psychologie quetschen sich durch die Tür in den Hörsaal mit seinen ansteigenden Stuhlreihen. Sie lachen, rempeln sich an, rufen durcheinander, rennen die Stufen hoch. Suchen sich geräuschvoll einen Platz, klappen die Sitzflächen hinunter, knallen ihre Taschen auf den Tisch, packen ihre Notizblöcke aus, setzen sich und scharren aufgeregt mit den Füßen. Das hier ist Pilleys früherer Fachbereich am Wofford College. Einer seiner ehemaligen Studierenden ist nun Professor der Psychologie und hat zu dieser Veranstaltung eingeladen: Chaser soll ihren Wortschatz demonstrieren.

Sechzehn Plastikboxen stehen vor dem Rednerpult, bis zum Rand gefüllt mit Spielsachen. Pilley hat alle 1022 Gegenstände mitgebracht, die Chaser dem Namen nach kennt. Sogar ein Fotograf und ein Filmer sind gekommen, um festzuhalten, was hier jetzt gleich passiert.

Dann geht es los. Zuerst lässt Pilley ein paar Freiwillige aus dem Publikum fünfzig Spielsachen aus den Boxen auswählen, ohne dass er hinsieht. Die Leute schreiben die Namen der Gegenstände auf Listen und verteilen danach die Spielsachen auf dem Boden – hinter Pilleys Rücken. Anschließend drücken sie ihm die Listen in die Hand.

Chaser liegt gebannt vor ihm, ihre Rute klopft auf den Linoleumboden. Pilley überfliegt die Zettel mit den Namen der 50 Gegenstände und sagt laut: »Chaser, bring Stachelschwein!« Die Hündin springt auf, läuft zu den verstreuten Spielsachen, sucht zwischen ihnen herum, packt das Stachelschwein und legt es Pilley zu Füßen. Das Publikum klatscht fröhlich. So geht es eine Weile lang weiter. Chaser findet zuverlässig, was der Forscher ihr zuruft.

Da hebt jemand aus der obersten Stuhlreihe die Hand. Es ist der Institutsleiter John Lefebvre mit einer Frage: Kann Chaser ihre Aufgabe auch dann lösen, wenn nicht ihr Halter sie stellt, sondern ein ihr unbekannter Mensch?

»Probier es aus«, sagt Pilley.

Lefebvre erhebt sich, läuft die Stufen hinab. Aus den Kisten wählt er einen kleinen Plüschhund namens »Tiny« und versteckt ihn hinter seinem Rücken. Dann stellt er sich so, dass Chaser ihn nicht sehen kann, und wirft das Stofftier in hohem Bogen nach oben zwischen die Stuhlreihen.

Laut sagt er zu Chaser: »Bring Tiny!«

Wie zuvor läuft Chaser zu ihrem Spielzeughaufen. Sie sucht, sie stöbert. Wühlt mit der Nase zwischen den Gegenständen. Dann hebt sie den Kopf. »Bring Tiny«, sagt der Institutsleiter wieder. Die Hündin zögert, blickt ihn an. Sie wirkt unsicher.

»Bring Tiny, Chaser«, sagt Lefebvre ein drittes Mal.

Chaser hebt den Kopf. Sie starrt ins Publikum. Pilley hält den Atem an, als seine Hündin plötzlich die Treppen hochspringt und zwischen den Stuhlreihen verschwindet.

Sekunden später hopst sie wieder treppabwärts, der Plüschhund hängt in ihrem Maul. Die Studierenden brechen in Jubel aus, manch einer pfeift durch seine Finger. Auch Lefebvre klatscht begeistert in die Hände, als Chaser ihm Tiny vor die Schuhe legt.

»Gutes Mädchen«, sagt Pilley so leise, dass ihn nur sein Hund versteht.

Durchbruch

Der 9. Februar 2011 in New York City beginnt in Grau und Schwarz. Grau, weil dichte Wolken den Himmel eintrüben. Schwarz, weil am Straßenrand ein riesiges schwarzes Auto parkt. Auf seiner Fensterscheibe klebt der Schriftzug NBC, das ist einer der größten Radio- und Fernsehsender der USA.

Der Wagen wartet auf Chaser.

Und da kommen sie auch schon. Pilley und seine Hündin eilen aus dem Eingang eines Hotels. Sie klettern auf die Rückbank des Autos, dessen Türen sich geräuschlos schließen. Der Fahrer rollt an, fädelt sich in den Verkehr ein, biegt in die West Forty-Eight Street und hält vor den Fernsehstudios der NBC im Rockefeller Center.

»Der Hund darf hier nicht rein«, sagt ein grimmiger Pförtner am Eingang des Senders.

John Pilley lächelt.

Seit seinem Entschluss, Chasers Können öffentlich vorzuführen, haben sich die Ereignisse regelrecht überschlagen. Schon der erste Auftritt in Pilleys ehemaligem College war ein voller Erfolg. Bald danach kam eine Einladung zur Konferenz der amerikanischen Verhaltenswissenschaftlerinnen und -wissenschaftler: skeptisches Publikum zu Beginn, stürmischer Applaus am Ende der Vorführung. In den Gesichtern der Fachleute lag ehrliche Verblüffung. Sie hatten einem Hund beim Denken zugesehen, beim Kombinieren und Schlussfolgern. Abends beim Dinner zog sich einer der renommiertesten Hundeforscher der USA einen Stuhl heran und setzte sich zu Pilley: Clive Wynne, damals auch Chefredakteur eines Fachjournals für Tierverhaltensforschung. Wynne war von Chasers Fähigkeiten nachhaltig beeindruckt. Er besuchte die Pilleys nach dem Kongress, zusammen mit zwei Forscherinnen. Die drei prüften Chasers Wortverständnis. Prüften es noch mal und noch mal. Schließlich bot Wynne an, die Chaser-Studie in seinem Fachblatt abzudrucken. Sie erschien – zunächst online – im Dezember 2010.

Und seitdem ist der Teufel los.

Auch wenn der Pförtner nicht weiß, wen er da vor sich hat: Chaser ist jetzt berühmt. Nicht nur in den USA, sondern weltweit. Nur wenige Wochen nach Veröffentlichung der Studie erscheinen Artikel über Chaser in 46 Sprachen. Rund um den Globus ist die Rede vom »klügsten Hund der Welt«. Und auch in Fachkreisen gibt es aufgeregte Debatten: Wie ist so etwas möglich? Kann vielleicht jeder Hund das, was Chaser kann, wenn er so intensiv trainiert wird? Oder sind das Ausnahmeerscheinungen, Hochbegabungen? (Auf diese Fragen gibt es seit Kurzem eine interessante Antwort, siehe S. 270).

Schließlich melden sich die Fernsehstationen und laden Chaser in ihre Sendungen ein. Jetzt soll sie gleich live in der »Today Show« der NBC auftreten, vor Millionen Fernsehzuschauerinnen und -zuschauern in den USA. Winkend kommt eine Assistentin in die Eingangshalle gelaufen. Am brummigen Pförtner vorbei geht es ins Innere des Senders. Dort wartet ein Team auf Chaser und Pilley. Auch Alliston Reid ist schon da.

Pilley spürt, wie angespannt er ist. Schweiß rinnt ihm über den Nacken. Überall blickt er in grelles Scheinwerferlicht. Mit dem Fuß stößt er gegen Kabelschlangen. Er wird umrundet von Menschen im Laufschritt, die Tablets in ihren Händen halten. Dauernd nimmt ihn jemand am Arm und schiebt ihn von hierhin nach dorthin, weil er offenbar im Weg steht. Ein Kunstrasen liegt aus, wo Chaser gleich auf Sendung gehen soll, darauf hat man drei tiefe Ledersessel gestellt. Im Gegensatz zu Pilley wirkt seine Hündin völlig unbeeindruckt und sieht aus, als ginge sie das Ganze gar nichts an.

Weil sich in wenigen Minuten die Kameras auf sie richten werden, steht jetzt ein junger Mann vor ihnen, der Moderator der Show. In kurzen Sätzen bespricht er mit Pilley und Reid den Ablauf. »Ich werde Sie fragen …«, sagt er. »Dann soll Chaser…« Und: »Wir haben nur dreieinhalb Minuten für alles.« Mehr als zwanzig Spielzeuge liegen bereits in einem Haufen auf dem grellgrünen Kunstrasen. Eine Stimme dringt aus dem Off: »Chaser, bitte bereithalten.« Kurz darauf ein Countdown: fünf, vier, drei …

Und dann sind sie live im Fernsehen. Millionen Menschen schauen ihnen in diesem Moment von ihrem Frühstückstisch aus zu. Oder wo auch immer sie sich aufhalten in den Zeitzonen der Vereinigten Staaten. In New York ist es jetzt 8.30 Uhr, in Chicago eine Stunde früher. Wer in Portland an der Westküste lebt oder in Phoenix, Arizona, schläft womöglich noch – da ist es 5.30 Uhr –, wird sich die Show aber später ansehen. Kaum jemand lässt sich diesen verrückten Hund entgehen, der 1022 Objekte mit Namen kennt.

Pilley antwortet in der ersten Minute tapfer auf die Fragen des Moderators, auch wenn sein Hals trocken ist wie ein Frotteehandtuch. Dann geht der Moderator vor Chaser in die Knie. Sie blickt ihn an, mit zur Seite geneigtem Kopf. »Chaser«, sagt der Mann, lächelt den Hund an, lächelt dann in die Kamera. »Bring Tennis.« Chaser dreht sich um ihre Achse und trabt zu den Spielzeugen.

Aber sie kann Tennis nicht finden. Zwar liegt auf dem Kunstrasen ein gelber Ball – das ist das, was sie sucht –, aber das Gelb des Spielzeugs und das helle Grün des Rasens scheinen miteinander zu verschmelzen. Hunde können Farben nicht gut unterscheiden. Jetzt bewirkt offenbar das Scheinwerferlicht, dass Chaser Tennis nicht erkennt. Pilley klopft das Herz bis zum Hals. Noch einmal sagt der Moderator: »Chaser, bring Tennis.«

Sie umkreist die Spielzeuge. Bleibt stehen, trabt weiter. Sucht sie einen günstigen Winkel, um die Farbe des Balles zu erkennen? Es sieht ganz danach aus, denn plötzlich schießt sie nach vorn, schnappt den Tennisball und trägt ihn mit wild wedelnder Rute zum Moderator. »Gutes Mädchen«, sagt der, streichelt ihren Kopf und reckt den Ball in die Höhe wie eine Trophäe.

Pilley atmet lautlos aus und versucht, sich zu entspannen, drückt sich etwas tiefer in den Sessel. Da hört er den Moderator sagen: »Und jetzt, Chaser – bring Spongebob.« Das kann nicht sein. Pilley muss ein Keuchen unterdrücken. Denn Spongebob liegt dort gar nicht zwischen den anderen Spielzeugen. Zumindest hat Pilley ihn nicht gesehen.

Soll er einschreiten?

»Moment«, krächzt Pilley und hebt die Hand. »Spongebob ist nicht da.« Der Moderator reagiert nicht, blickt unverwandt auf Chaser, die wieder ihre Spielzeuge durchgeht. Sie stupst sie mit der Nase an, bewegt sie mit ihrer Pfote. Kein Spongebob. Sie hebt den Kopf und überblickt den Raum. Spurt weiter. Läuft vom linken Rand des Kunstrasens zum rechten. Pilley will wieder etwas sagen, will seinen Hund verteidigen, der ja schließlich kein Spielzeug finden kann, das nicht da ist, als Chaser plötzlich auf den Sessel des Moderators zuspringt und hinter der Lehne verschwindet. Pilley sieht für einen kurzen Moment nur ihre Rutenspitze. Als Chaser wieder zum Vorschein kommt, hält sie eine Frisbeescheibe im Maul: Spongebob! Das Gesicht der Comicfigur prangt auf der Vorderseite. Der Moderator klatscht in die Hände und nimmt die Scheibe entgegen. Hält Spongebob triumphierend in die Kamera. Chaser sitzt neben ihm, ihre Rute fegt hin und her über den künstlichen Rasen.

Pilley starrt seine Hündin an, als sähe er sie zum ersten Mal. So in etwa muss sich der Hirte damals in Schottland gefühlt haben, als er im Morgengrauen alle seine Schafe in der Schlucht wiederfand, zusammengetrieben und bewacht von seinem Hund Sirrah. Statt sich zu blamieren, wie von Pilley befürchtet, hat Chaser vor einem Millionenpublikum gezeigt, dass sie sogar besser ist, als er selbst glaubt. Und jetzt fragt er sich: Was ist diesem Hund noch alles möglich?

So long, Chaser

Bis zum Schluss ihres gemeinsamen Lebens trainieren die beiden weiter. Chaser behält die Namen ihrer 1022 Objekte zuverlässig im Kopf und lernt noch in hohem Alter etwas Neues: ein Grundverständnis des Satzbaus. Sie begreift, dass es nicht nur auf die Wörter selbst ankommt, sondern auch auf deren Reihenfolge in einem Satz. Schließlich bedeutet: »Leg den Ball neben das Frisbee« etwas anderes als »Leg das Frisbee neben den Ball«, obwohl die Wörter dieselben sind.

Als sie 2019 stirbt, ist sie fünfzehn Jahre alt. John Pilley lebt da schon nicht mehr, ein Jahr vor Chasers Tod erliegt er einem Krebsleiden. Aber der Nachwelt hinterlässt er ein Buch, das die Essenz seiner Arbeit als Forscher enthält: »Tiefgreifendes Lernen ohne Spiel ist unmöglich«, heißt es auf einer der letzten Seiten. »Daran glaube ich mit jeder Faser meines Seins.«

Killer

Beschützer der Nashörner

Acht Jahre lang arbeitet K9 Killer als Anti-Wilderer-Hund in Südafrika. Zusammen mit seinem Menschen, einem Ranger, bildet er das perfekte Team: Zusammen spüren die beiden rund 300 illegale Jäger auf und retten so Hunderten Nashörnern das Leben.

Früh am Morgen wartet ein Helikopter mit grün lackierter Nase auf dem Flugfeld. Seine Türen stehen weit offen, im Inneren sitzen der Pilot und zwei Ranger des Kruger Nationalparks. Noch ist das Suchteam nicht komplett – bis sich ein Mann in Tarnkleidung und ein belgischer Schäferhund dem Startplatz nähern. Kaum haben die beiden den Hubschrauber erreicht, springt der Hund mit einem mächtigen Satz hinein und legt sich auf den Boden. Sein Mensch klettert hinterher, grüßt in die Runde. Setzt sich auf die Bank, nimmt seinen Rucksack ab und hält das Gewehr so, dass der Lauf nach draußen zeigt. Im nächsten Moment beginnen die Rotorblätter, sich zu drehen. Der Helikopter steigt senkrecht in die Luft, fliegt eine Kurve und nimmt Kurs auf den Norden des Kruger Nationalparks. So beginnt im Jahr 2015 ein normaler Arbeitstag von Amos Mzimba und seinem Spürhund Killer.

Dabei ist nichts an ihrer Arbeit normal oder auch nur alltäglich. Bei jedem Einsatz riskieren sie ihren Hals. Denn die beiden legen sich mit Nashornwilderern an, mit schwer bewaffneten und zu allem entschlossenen Kriminellen. Vor allem im Schutzgebiet grassiert die Wilderei. Der Kruger Nationalpark hat mit seinen rund 20 000 Quadratkilometern gigantische Ausmaße, im Norden sind die Grenzen nach Mosambik offen. Gigantisch sind auch die Gewinne, die sich mit Horn auf dem Schwarzmarkt erzielen lassen. Was dazu führt, dass jede Menge Wilderer unterwegs sind: Sie dringen in den Park ein, suchen nach Nashornspuren, schießen die Tiere nieder, hacken ihnen das Horn ab und lassen sie sterbend im Busch zurück.

Aber es gibt jemanden, der sich dem Schlachten entgegenstellt. Auch wenn die Ranger in Unterzahl sind, auch wenn sie die illegale Jagd nicht stoppen können: Sie einzudämmen, so viele Nashörner wie nur möglich zu schützen, das ist das Ziel der Anti-Wilderer-Einheiten im Nationalpark. Sie arbeiten in unterschiedlichen Teams. Da gibt es die Black Mambas, eine reine Frauen-Crew, die vor allem Wildtierfallen aufspürt. Und es gibt die K9-Einheiten, die mit Hunden arbeiten. Mit top ausgebildeten Spürhunden, wie Killer einer ist: ein fünf Jahre alter Malinois mit schwarzer Schnauze, schwarzen Ohren und dem geschmeidigen Gang einer Raubkatze. Und mit einer grenzenlosen Liebe zu Amos Mzimba, seinem Partner.

Profis unter sich

Die beiden sind seit 2012 ein Team und in ganz Südafrika bekannt. Mzimba ist vermutlich der beste Fährtenleser des Landes. Wo andere nur einen staubigen Boden sehen, entdeckt er die Spuren von Menschen, die nicht gesehen werden wollen. Etwa einen geknickten Zweig an einem Busch oder eine fast verwehte Rille im Sand, die von einem Stiefelprofil stammt. Wenn Mzimba so eine Fährte entdeckt, schickt er Killer los. Sein Hund ist darauf trainiert, nur dem Geruch von Menschen zu folgen und alles zu ignorieren, was nach Wildtier riecht. Bekommt er eine solche Spur in die Nase, geht er ihr nach, bis er am Ziel ist. Mzimba weiß, dass er sich blind auf Killer verlassen kann. Das hat er auch der Staatsanwältin gesagt, neulich im Magistratsgericht von Mbombela.

Der Fährtenleser ist immer noch stolz. Während sie die Savanne überfliegen, döst Killer zu seinen Füßen. Eine seiner Vorderpfoten liegt schwer auf Mzimbas Stiefel. Nie zuvor hat es in der Geschichte des Landes so etwas gegeben: ein Hund als Beweismittel vor Gericht. Angeklagt waren zwei junge Mosambikaner, die Killer aufgespürt hatte. Es waren Wilderer, die sich im Gebüsch versteckt hielten, als der Hund sie verfolgte – nur anderthalb Kilometer von dem Kadaver eines getöteten Breitmaulnashorns entfernt. Neben ihnen lagen zwei frisch abgeschlagene Hörner, aus denen noch Blut tropfte. Dazu eine Axt, ebenfalls blutig, sowie Schneidegeräte.

Eigentlich eine klare Sache. Doch die Männer behaupteten bei ihrer Festnahme, ihnen sei eine Falle gestellt worden. Polizisten hätten sie zuerst beschossen, ihnen dann die Hörner in die Hand gedrückt und sie widerrechtlich der Wilderei beschuldigt.

Ein Zeuge muss her, befand die Staatsanwältin. Und dieser Zeuge war Killer. Weil der nun aber nicht für sich sprechen konnte, sollte Amos Mzimba das tun. So kam es, dass der Sergeant in den Zeugenstand gerufen wurde. Ihm gegenüber, hoch aufgerichtet, die Staatsanwältin:

»Was hat Killer an diesem Tag genau getan?«, fragte sie.

Niemand im Gericht konnte sich bis dahin vorstellen, wie ein Ranger und ein Spürhund zusammenarbeiten. Wie sie miteinander kommunizieren, während sie Wilderern nachjagen. Mzimba legte seine Hände auf die Brüstung des Zeugenstands. Er trug elegante Kleidung statt seiner Uniform. Nun kam es auf ihn an.

»Killer verfolgte die Spur der beiden Personen und zeigte mir mit seinem Verhalten an, wo sie sich versteckten«, antwortete er. »Ich habe ihm beigebracht, zu mir zurückzukommen, sobald Wilderer in unmittelbarer Nähe sind. Ich übernehme dann alles Weitere.«

Er beschrieb, wie sich eine Suchaktion oft über Tage erstreckt, weil Spuren in einem so weitläufigen Areal nur schwer auszumachen sind. Bekommt Killer aber einen Geruch in die Nase, darf Mzimba ihn nicht mehr aus den Augen lassen. Der Hund drückt durch seine Körpersprache aus, was er wahrnimmt. Er zeigt an, ob er den Geruch in der Luft wittert oder ihn vom Boden aufnimmt.

»Ich sehe, in welche Richtung er blickt«, sagte Mzimba, »und weiß, wohin wir gehen müssen. An seinen Bewegungen kann ich ablesen, wie nah wir den Wilderern schon gekommen sind, wie vorsichtig wir sein müssen. Wir sind perfekt aufeinander eingespielt.« Seinen Vortrag schloss er mit den Worten: »Er ist mein engster Gefährte. Ich habe volles Vertrauen in ihn.«

Weitere Zeugen wurden gehört, darunter Mzimbas Kollegen und seine Vorgesetzten. Einer nach dem anderen sprach geradezu ehrfürchtig von der Erfolgsquote dieses Duos. 115 Wilderer hatten sie zusammen geschnappt, in gerade mal vier Jahren – kein anderes Team im Nationalpark schaffte auch nur annähernd so viel. Einer der Ranger sagte: »Den beiden kann niemand mehr etwas beibringen.«

Das genügte. Das Gericht kam zu der Überzeugung, tatsächlich Wilderer vor sich zu haben, keine unschuldig verfolgten Reisenden, und steckte die Männer ins Gefängnis.

Hand in Pfote

Der Helikopter geht in den Sinkflug. Staub wirbelt hoch, als die Kufen aufsetzen. Das Suchteam springt ins Freie. Es ist in unwegsamem Gelände angekommen. Hohes Gras und Strauchwerk, so weit das Auge reicht, vereinzelt erheben sich Bäume. Ganz in der Nähe verläuft die Grenze zu Mosambik. Hier in diesem Gebiet sollen Wilderer gesichtet worden sein. Bald wird das Team wahrscheinlich auf Nashornkadaver stoßen.

Der Hubschrauber steigt wieder auf und verschwindet in der Ferne. Die Männer schultern ihre Gewehre und ihre Rucksäcke mit der Campingausrüstung. Ab sofort sprechen sie nur noch das Nötigste, verständigen sich vor allem mit Blicken und Gesten. Amos Mzimba konzentriert sich auf die Umgebung, den Boden – und auf seinen Hund. Wer von beiden als Erster menschliche Spuren entdeckt, zeigt es dem anderen an. Dann ist klar, welche Richtung sie einschlagen müssen.

Als die Dunkelheit anbricht, haben sie noch keinen Hinweis auf Wilderer gefunden. Die Ranger bauen ihre Zelte auf und legen sich zeitig schlafen. Killer und Amos Mzimba verbringen die Nacht wie immer in einem Zelt. Sie essen Seite an Seite, teilen sich eine Decke. Sogar im Schlaf kann Mzimba spüren, wenn der Hund raus muss, um sich zu erleichtern. Dann steht er auf und geht mit Killer ins Freie. Beschützt ihn vor Raubtieren, bis sie wieder ins Zelt zurückkehren und sich unter der Decke aneinanderkuscheln.

Mzimba liebt Hunde von Kindesbeinen an. Als er anfing, im Kruger Nationalpark zu arbeiten, ging er noch ohne Spürhund auf die Suche. Aber es frustrierte ihn zutiefst, dass die Wilderer ihm immer ein paar Schritte voraus waren. Eines Tages bat er seine Chefs, ihn zu einem Hundeführerkurs zu schicken.

»Ich brauche einen Hund«, sagte er. »Ohne einen ausgebildeten Suchhund verlieren wir viel zu viel Zeit. Wir müssen schneller werden, sonst haben wir keine Chance.«

Die Nashornwilderei nahm damals drastisch zu, Jahr für Jahr. Es war, als kämpften sie mit bloßen Händen gegen hochgerüstete Gegner. Neue Waffen mussten her, und eine dieser Waffen war eine Spürhundstaffel im Nationalpark, eine sogenannte K9-Einheit. K9 ist das Kürzel für *canine* (aus der Hundefamilie stammend) und bezeichnet Polizei-, Militär- und Rettungshunde-Einheiten in aller Welt. Die Tiere sollten mit den Fährtenlesern ein Team bilden, sie auf ihrer Suche nach Wilderern begleiten – und hoffentlich die Wende bringen im Kampf gegen die illegale Jagd.

Amos Mzimba bekam seine Schulung und kurz darauf einen Belgischen Schäferhund mit dem Namen K9 Killer. Der hatte schon mit einem anderen Ranger gearbeitet – allerdings nicht sonderlich erfolgreich. Die beiden passten nicht so recht zueinander.

Mzimba hingegen spürte instinktiv, was Killer brauchte, um sein Können zu zeigen. Der Hund sehnte sich nach Zuwendung und körperlicher Nähe. Wenn der Ranger ihn nach einer Übung streichelte, ihm die Hand auf den Kopf legte und mit ihm sprach, arbeitete Killer danach umso konzentrierter. In ihren Pausen saßen sie eng beieinander. Eines Tages hob der Hund seine Vorderpfote und stupste Mzimba gegen den Arm. Der öffnete seine Hand. Die Pfote legte sich hinein, Mzimbas Finger schlossen sich um sie. So saßen die beiden nun immer da, wenn sie frei hatten, Hand in Pfote, bis es Zeit war, weiterzumachen.

Die Jagd

Seit dem frühen Morgen durchstreifen Mzimba, Killer und die anderen zwei Ranger ein hügeliges Gebiet. Felsen ragen auf, es sind die perfekten Verstecke. Hinter jedem einzelnen Stein könnte ein Jäger kauern und seine Waffe auf sie richten. Die Männer sind angespannt, bewegen sich nur langsam vorwärts, sichern sich nach allen Seiten ab. Noch hat Killer nicht angezeigt, dass er einen Geruch wahrnimmt. Auch Mzimba hat noch nichts entdeckt, was auf Wilderer hindeutet. Es ist kaum möglich, auf dem felsigen Untergrund eine menschliche Fährte auszumachen.

Da hebt der Hund auf einmal den Kopf, bleibt abrupt stehen. Er hält seine Nase hoch, senkt sie wieder, bewegt sie zur anderen Seite und dann zurück. Fast sieht es aus, als male er ein Dreieck in die Luft. Mzimba rührt sich nicht von der Stelle. Er weiß, was das bedeutet. Killer wittert Menschen. Noch ist unklar, wie weit sie entfernt sind. Tatsache ist nur: Sie sind da.

Die Männer blicken sich an, geben sich Handzeichen. Ab sofort müssen sie in Deckung gehen, um nicht gesehen zu werden. Bald verlieren sie sich aus den Augen. Mzimba weiß nicht mehr, wo der Rest des Teams ist, weil er unverwandt auf Killer blickt, der ihm vorausgeht. Immer wieder hält der Hund im Lauf inne und wittert. Amos Mzimba nimmt das Gewehr von der Schulter, hält es vor der Brust, wandert geduckt hinter seinem Malinois her. Er weiß, wie brandgefährlich die Situation ist. Über ihnen in den Felsen klaffen Spalten, manche führen in Höhlen hinein. Was er noch nicht weiß: dass sein Funkgerät keinen Empfang mehr hat. Die anderen Ranger sind außer Sicht, der Kontakt zu ihnen ist abgerissen. Im Ernstfall kann Mzimba keine Verstärkung herbeirufen. Dabei zeigt Killer an, dass jemand in unmittelbarer Nähe ist. Immer wieder hebt der Hund den Kopf, sucht mit den Augen die Felsen ab. Der Geruch scheint von oben zu kommen. Aus einer der Höhlen.

Der Fährtenleser greift zu seinem Funkgerät an der Brust, murmelt hinein, erhält keine Antwort. Er versucht es noch mehrere Male, ohne Erfolg. Das Gerät bleibt stumm. Mzimba muss eine Entscheidung treffen, dabei sind seine Optionen nicht gut: Entweder er klettert mit Killer hoch zu den Felsen und verhaftet die Wilderer im Alleingang. Das ist extrem riskant. Nashornjäger kommen niemals allein, sie werden also in Überzahl und bewaffnet sein. Oder er geht zurück, versucht, seine Kollegen zu finden – was den Wilderern ausreichend Zeit verschafft, zu entkommen.

Mzimba trifft seine Entscheidung: Sie klettern. Killer geht voran, während sie über die Felsen steigen. Der Ranger hat sowohl ihn im Blick als auch die Felsöffnungen. Es ist niemand zu sehen. Der Hund läuft zügig vorwärts. Erst wenn er kehrtmacht und zu seinem Menschen zurückkommt, ist klar, dass die Wilderer nur noch wenige Meter entfernt sind.

Sie erreichen eine schmale Öffnung im Fels, die tief hineinführt in das Innere einer Höhle. Killer bleibt stehen und wittert, stellt sich dann neben Amos Mzimba. Das ist das Signal, auf das der gewartet hat. Dort drin sind sie, sagt ihm der Körper seines Hundes. Der Ranger presst sich gegen den Felsen, hält das Gewehr im Anschlag und ruft in den Spalt hinein: »Hier ist Sergeant Amos Mzimba vom KNP Ranger Service. Kommen Sie heraus!«

Nach einer Pause: »Sie befinden sich in einem Gebiet, in dem Sie sich nicht aufhalten dürfen. Ich muss Sie festnehmen!«

Er hat kaum das letzte Wort gesprochen, als Killer einen Satz nach vorn macht. Aber nicht in die Höhle hinein, sondern in Richtung der Felsen. Weil dort jemand steht. Mzimba fährt herum, sieht die Silhouette eines Mannes neben einem Stein und kann sich gerade noch ducken. Direkt über ihm knallt es. Der Wilderer hat auf seinen Kopf gezielt, ihn aber knapp verfehlt. Mzimba reißt den Gewehrlauf hoch, schießt, trifft den Mann an der Schulter. Der sackt in sich zusammen. Im nächsten Moment steht der Ranger schon neben ihm, fesselt ihm die Hände, zerrt ihn hoch. Ein zweiter Wilderer kommt mit erhobenen Armen aus der Höhle, er ist unbewaffnet. Es gibt noch einen dritten, wie die Ranger später erfahren. Dem gelingt die Flucht.

Die Kollegen sind jetzt zur Stelle, herbeigerufen durch den Schusswechsel. Sie übernehmen an Mzimbas Stelle, führen die Verhafteten über die Felsen ab. Einer der Ranger versucht unaufhörlich, den Helikopter anzufunken, und bekommt endlich ein Signal. Amos Mzimba kann zum ersten Mal wieder durchatmen. Er spürt, wie die Anspannung seinen Körper verlässt. Glasklar steht ihm vor Augen, was gerade passiert ist: Killer hat ihm das Leben gerettet. Ohne die Warnung seines Hundes in letzter Sekunde würde er jetzt oben bei den Felsen liegen und nie wieder aufstehen.

Ohne Killer

Im Januar 2016 erhält K9 Killer die Goldmedaille der britischen Tierschutzorganisation PDSA für seine Tapferkeit im Einsatz gegen die Nashornwilderei. Das ist die höchste zivile Auszeichnung, die es derzeit für Tiere gibt. Sie entspricht dem Georgs-Kreuz, das Bürgerinnen und Bürgern verliehen wird, die in extrem gefährlicher Lage großen Mut bewiesen haben. Zur Ehrung im Camp der Ranger erscheint sogar der britische Prinz Harry, in lässiger Freizeitkleidung und mit aufgekrempelten Hemdsärmeln. Vor Killer, dem seine Medaille an einem blauen Band vor der Brust baumelt, bleibt er in respektvoller Entfernung stehen.

Killer und Mzimba arbeiten insgesamt acht Jahre lang zusammen. In dieser Zeit fassen sie etwa 300 Nashornjäger. Dabei rettet der Hund seinem Menschen noch mehrfach das Leben. Als der Malinois im Juni 2020 an Krebs stirbt, kann Amos Mzimba sich lange Zeit nicht von seiner Trauer erholen. Er bildet auch mit keinem weiteren Hund mehr ein Team. »Killer war mein bester Freund, den ich nie vergessen werde«, sagt der heute 65-Jährige. »Er hat mich in die Lage versetzt, diesen Job zu machen und Nashörner zu beschützen.«

Aber auch wenn er kein Hundeführer mehr ist, seine Fähigkeiten als Fährtenleser sind nicht verloren. Mittlerweile schult er den Nachwuchs. Amos Mzimba ist heute der Chefausbilder bei der Tracker Academy, einem Trainingscamp für Nashorn-Guides im Kruger Nationalpark.

Ob es in Zukunft noch Nashörner geben wird, kann niemand sagen, zu lukrativ ist die illegale Jagd. Aber eines ist gewiss: Ohne diese Menschen wären die Dickhäuter verloren. Und ohne die Hunde auch.

Rin-Tin-Tin

Der Hund, der niemals stirbt

Ein Name wie ein Aufputschmittel. Oder wie zerspringendes Glas. Oder wie das Klingeln unzähliger Münzen. Hoffentlich Letzteres, denken sich wohl die Warner Brothers, die einmal zu den berühmtesten Filmproduzenten der Welt zählen werden. Doch anno 1922 steht es so schlecht um ihr Hollywood-Studio, dass nur noch ein Wunder den Bankrott abwenden kann. Wird ein Schäferhund namens Rin-Tin-Tin dieses Wunder sein?

Eine staubige Straße in Hollywood, an den Rändern des Asphalts wuchert Beifuß. 1922 haben sich am Sunset Boulevard die ersten Filmstudios angesiedelt, darunter Warner Bros., damals noch ein chronisch klammes Familienunternehmen. Die Gegend ist alles andere als glamourös, Läden gibt es kaum. Nur weit auseinanderliegende Gebäude zwischen Brachflächen, in denen Aufnahmestudios, Werkstätten und Bühnen untergebracht sind. Manche Produktionsfirma muss in einer Scheune hausen. Nachts durchstreifen Kojoten und Stinktiere die Straßen, suchen nach Fressbarem.

So sieht er aus, der glanzlose Anfang der Traumfabrik, als ein etwa dreißigjähriger Mann mit silberhellem Haar auftaucht. Er flaniert durch die Straßen Hollywoods, überquert die Gower Street, biegt auf den Sunset Boulevard ein. An seiner Seite trabt ein muskulöser Schäferhund mit buschiger Rute. Immer wieder blickt der Hund hoch zu seinem Herrn. Auf ein Handzeichen hin oder ein Kommando dreht er eine Pirouette. Oder er stellt sich auf die Hinterbeine und hebt bittend die Vorderpfoten. Manchmal wirft er sich auch zu Boden und wälzt sich herum, als leide er entsetzliche Qualen. Beim nächsten Signal springt er auf, schüttelt sich den Staub aus dem Pelz und trabt weiter, als wäre nichts geschehen.

Und es ist ja auch nichts, die beiden üben nur. So wie sie es jeden Tag tun, mehrere Stunden lang, und das seit einigen Jahren. Inzwischen ist Rin-Tin-Tin, so heißt der Schäferhund, ein versierter Schauspieler. Er beherrscht nicht nur Stunts wie das Klettern über eine meterhohe Holzwand oder weite Sprünge über einen Abgrund. Er kann sich auch auf einem Pferd in vollem Galopp halten, in Baumwipfel steigen, sich von einer Klippe ins Meer stürzen. Aber vor allem kann er Emotionen zeigen. Wie auf Knopfdruck wechselt er seinen Gesichtsausdruck. Mal sieht er unendlich traurig aus, mit hängendem Kopf und erloschenen Augen. Mal kriecht er unterwürfig auf dem Bauch, die nackte Panik im Blick. Er kann majestätisch wirken, von Kopf bis Fuß ein Beschützer seiner Familie. Und er kann grollen wie ein Wolf, sich dabei so bedrohlich mit gebleckten Zähnen zum Sprung ducken, dass sein Gegenüber kreidebleich zurückweicht.

Ein Hund als Schauspieler?

Tatsächlich schlägt gerade jetzt, in der Ära des Stummfilms, die Stunde der Tiere. In einem kurzen Zeitfenster von etwa fünfzehn Jahren können sie sich erfolgreich neben menschlichen Filmstars behaupten. Manchmal sind sie sogar besser. Sie bewegen sich natürlicher vor der Kamera als so mancher Charakterdarsteller. Übertriebene Gesten und theatralische Mimik sind ihnen fremd. Stattdessen rühren sie ihr Publikum mit Heldengeschichten oder bringen es zum Lachen. Charlie Chaplin, Anfang der 1920er-Jahre schon ein Weltstar, sucht händeringend nach einem Hund als Partner. Und jeder der Millionen Filmfans in den Vereinigten Staaten, die wöchentlich in die Kinos stürmen, kennt Strongheart, den gefeierten Schäferhund. Der spielt 1921 die Hauptrolle in dem Stummfilm *The Silent Call* und wird zum Superstar. Er verkörpert einen Familienhund, der mehr als 1600 Kilometer wandert, um seine Menschen wiederzufinden. Der Film erzielt Rekordgewinne, und viele Studios hoffen nun ihrerseits auf einen Strongheart, der ihnen die Kassen füllt.

Das sind verheißungsvolle Aussichten, als Rin-Tin-Tin und Lee Duncan durch Hollywood streifen. Duncan ist ein ehemaliger Soldat, dünn und gut aussehend. Hunde liebt er seit seinen Kindertagen. Er ist mit ihnen aufgewachsen und weiß, wie man sie ausbildet. Rin-Tin-Tin ist jetzt vier Jahre alt, und allmählich zahlt sich das intensive Training aus. Er hat schon in mehreren kurzen Filmen mitgespielt, zwar noch nicht in einer Hauptrolle, aber das tut nichts zur Sache. Die Zukunft hat gerade erst begonnen, glaubt Duncan. Und sie wird hier stattfinden, in einem dieser Filmstudios. Man muss nur an die Türen klopfen, wie er es so oft gemacht hat. Manchmal hat man leichtes Spiel, wird zum Produzenten vorgelassen und ergattert eine kleine Filmszene für seinen Hund. Heute allerdings hat Duncan nicht nur Rin-Tin-Tin dabei, sondern auch eine Heldengeschichte. Ein selbst verfasstes Drehbuch.

Die Rettung

Die Klinkenputztour will anfangs nicht so recht klappen. Überall werden sie abgewimmelt. Niemand will das Drehbuch lesen oder sich den Hund vorführen lassen. Lee und Rin-Tin-Tin haben schon fast alle Studios durch. Nur eines liegt noch vor ihnen, eines der kleinsten.

Dort ist just an diesem Tag die Verzweiflung mal wieder groß. Wie so oft stehen die vier Warner-Brüder kurz vor dem Ruin. Es herrscht »ein ständiger Mangel an Geld, Stars und Story-Ideen«, wird Jack Warner später einmal sagen. Rechnungen sind überfällig, und im Grunde kann nur noch ein Kassenschlager den Bankrott abwenden. Deshalb setzt Harry Warner jetzt auf Tiere. Gerade probt er eine Filmszene mit einem Wolf, den er aus dem nahegelegenen Zoo ausgeliehen hat. Aber der Wildfang lässt sich nicht bändigen, sprengt jede Einstellung. Warner muss die Szene abbrechen. Wieder ein Fehlschlag.

Da wird ihm gemeldet, dass vor der Tür ein Schäferhund warte. Er habe große Ähnlichkeit mit einem Wolf. Und sein Halter sei mehr als bereit, den Hund vorzuführen. Auch habe dieser Rinty oder wie das Tier heißen mag, bereits Filmerfahrung. »Soll reinkommen«, seufzt Harry Warner. Es gibt nichts mehr zu verlieren.

Aber eine Menge zu gewinnen.

Stunden später hat sich die Stimmung des Produzenten merklich aufgehellt. In diesem Schäferhund da mit dem sonderbaren Namen steckt ein Riesenpotenzial. Die Wolfsszene hat er meisterhaft gespielt. Und er kann noch viel mehr. Er kann

Gefühle ausdrücken, er kann Helden verkörpern. Und vielleicht, ganz vielleicht, kann er sogar ein Filmstudio retten.

Als Lee Duncan und Rin-Tin-Tin wieder auf der Straße stehen, hat ihre Zukunft begonnen. Sie wissen es nur noch nicht, die Zusage der Warner-Brüder kommt erst einige Wochen später. Dafür ist sie umfassender als erhofft. Warner Bros. setzt jetzt alles auf eine Karte, kauft das Drehbuch von Lee Duncan über einen verwilderten Hund, der mit Wölfen lebt, sich dann aber mit einem Pelztierjäger anfreundet und ihm das Leben rettet. Und Rin-Tin-Tin wird die Hauptrolle übernehmen. Der Film trägt den Titel *Where the North begins.*

Es ist eine Wende um 180 Grad, die sich da vollzieht. Denn Mann und Hund haben harte Zeiten hinter sich.

Verloren

Vier Jahre zuvor in einem anderen Land, auf einem anderen Kontinent und in einer gänzlich anderen Zeit: Der Erste Weltkrieg geht seinem Ende entgegen. Lee Duncan ist Unteroffizier einer Fliegerstaffel und im Nordosten von Frankreich stationiert. Genauer: in der Stadt Toul, die nah an der deutschen Grenze liegt. Am Morgen des 15. September 1918 bekommt er den Auftrag, ein verwaistes Feindeslager zu durchsuchen. Vielleicht haben die Deutschen auf ihrem Rückzug etwas hinterlassen, das die US-Streitkräfte noch gebrauchen können. Motorenteile aus Flugzeugen etwa.

Duncan stapft durch die Ruinen eines zerstörten Dorfes. Ein lang gestrecktes Gebäude fällt ihm auf. Durch zerschossene Fenster schaut er ins Innere und blickt auf ein Blutbad. Auf dem Boden liegen die Kadaver getöteter Hunde. Es sind Deutsche Schäferhunde, abgerichtet für den Krieg.

Lee Duncan ist 25 Jahre alt und liebt Hunde mehr als Menschen. Sie waren die Gefährten seiner einsamen Kindheit. Als Fünfjähriger kam er ins Waisenhaus, zusammen mit seiner Schwester. Der Vater war getürmt, die blutjunge Mutter hilflos und überfordert. Drei Jahre lang blieben Lee und seine Schwester in der Obhut des Kinderheims. Dann kehrte die Mutter zurück und verfrachtete die beiden in ein neues Zuhause, auf die Farm der Großeltern. Was sich heute grausam anhört, kam in den USA Anfang des 20. Jahrhunderts gar nicht so selten vor. Etliche Kinder wurden von ihren Eltern im Stich gelassen und lebten auf der Straße, nur die Glücklicheren schafften es in ein Waisenhaus.

Bei den Großeltern bekam Lee seinen ersten Hund, einen Terrier namens Jack. Mit ihm stromerte der Junge durch die Gegend, brachte ihm Kunststücke und Tricks bei. Jack wurde zum Mittelpunkt seiner Welt. Keinen Tag mehr musste Lee allein sein, der Hund blieb stets an seiner Seite. Er war so allgegenwärtig wie die Luft, der Himmel und das Gras. Er konnte ihm nur weggenommen werden, und genau das geschah ein paar Jahre später. Die Mutter zog mit ihren Kindern nach Los Angeles, und Jack durfte nicht mit. Lee sah seinen Freund niemals wieder. Aber er hörte nie auf, ihn zu vermissen oder sich nach einem Hund als Gefährten zu sehnen.

Jetzt steht er als erwachsener Mann in einem verlassenen französischen Dorf, vor einem ausgebombten Gebäude. Er kann nicht anders, er muss nachsehen, ob von diesen Hunden noch einer am Leben ist und seine Hilfe braucht.

Lee Duncan betritt die Ruine, kniet sich zu jedem einzelnen Hund hinab. Streichelt das ein oder andere blutverkrustete Gesicht. Lässt eine Taube frei, die in einem Brieftaubenkäfig gefangen ist, festgeschnallt auf dem Rücken eines Kadavers. Es sind junge, kräftige Hunde einer überaus begehrten Rasse. Nur wenige Jahre zuvor hat in den USA ein Deutscher Schäferhund auf einer Züchtershow 10 000 Dollar eingebracht, eine Wahnsinnssumme in jener Zeit.

Plötzlich hört Duncan ein Geräusch. Sollte einer das Massaker überlebt haben? Die Laute kommen aus dem hinteren Teil des Gebäudes. Der Soldat steht auf, steigt über die leblosen Körper hinweg. In eine Ecke gedrückt findet er eine Hündin, umwimmelt von fünf kleinen Welpen. Duncan hockt sich hin, beruhigt das Tier, das unaufhörlich winselt. Streichelt es, spricht zu ihm mit leiser Stimme. Dann trägt er die Mutterhündin in sein Fahrzeug, zusammen mit all ihren Kleinen. Sein Herz schlägt ihm bis zum Hals, als er den mageren Körper des Tieres an seine Brust drückt. Ein lang vermisster Geruch steigt ihm in die Nase. In seinen Händen zappeln die Welpen, einer nach dem anderen.

Zurück im Hauptquartier baut er aus einem leeren Fass, das er mit Stroh füllt, eine Behausung für seinen Zuwachs. Er kann nicht alle Hunde behalten und verschenkt sie an andere Soldaten. Zwei Jungtiere, ein Rüde und sein Schwesterchen, bleiben bei ihm. Weil sie ihm Glück bringen sollen, gibt er ihnen die Namen zweier französischer Puppen, die als Maskottchen bekannt sind: Rin-Tin-Tin und Nanette. Und weil nicht alle Soldaten so hundenärrisch sind wie er, der eine sich über das Gewusel beschwert, ein anderer über das Gemaunze in der

Nacht, verfrachtet er die Welpen schließlich in eine Scheune neben dem Quartier und schlägt dort sein eigenes Lager auf. Nachts hält er die warmen Leiber seiner Hunde im Arm. Schläft glücklich ein, weil er sich endlich wieder komplett fühlt.

Nanette wird die Rückkehr nach Amerika nicht überleben. Aber Rin-Tin-Tin wächst zu einem kraftvollen Rüden heran, in Lee Duncans altem Zuhause in Kalifornien. Mit ihm setzt der Soldat fort, was er mit Jack einst begonnen hat: Tricks und Training, jetzt aber verbunden mit der Hoffnung, dass der Hund im aufstrebenden Filmgeschäft unterkommt. Duncan selbst hat keine beruflichen Ambitionen, er arbeitet als Verkäufer. Das Einzige, was ihm wirklich Spaß macht, ist das Hundetraining. Aber das ist in jenen Tagen noch kein Beruf, von dem man leben könnte.

Aufstieg

Das Stummfilmdrama *Where the North begins* wird im Hochgebirge der Sierra Nevada gedreht. Wochenlang leben die Schauspielerinnen und Schauspieler, das Studioteam, Lee und Rin-Tin-Tin im Schnee, zwischen schroffen Felsformationen und weiten Wäldern. Die Regie hält sich eng an Duncans Drehbuch und tut gut daran. Denn Lee hat die einzelnen Szenen so geschrieben, dass der Hund seine ausdrucksstarke Mimik voll ausspielen kann – genau wie seine athletischen Fähigkeiten. Und die sind atemberaubend. In einer Einstellung springt Rin-Tin-Tin in einem gewaltigen Satz von einer Anhöhe aus in den Sattel eines Reiters. Der galoppiert gerade vorbei, weil er eine Frau entführt hat und sie mit einem Arm an sich presst. Der Hund fährt dem Ganoven wie ein entfesselter Puma an die Kehle. Die Frau kann sich fallen lassen und flieht. Eine geraume Zeit lang kämpfen Hund und Mann im Sattel miteinander, alles im Galopp. Dann stürzen sie vom Pferd, überschlagen sich mehrfach, ringen am Boden unbarmherzig weiter. Bis es dem Hund gelingt, seinen Gegner an eine Felskante zu drängen, wo der Mann den Halt verliert und in den Abgrund stürzt.

Rin-Tin-Tin scheint solche Szenen zu mögen. »Er liebt den Kampf mit Mensch und Tier«, schreibt Lee in sein Tagebuch. Überhaupt »sprudelt er über vor Glück da draußen in den Wäldern und im Schnee«. So wie er selbst. Schon allein, dass er am Set sein darf, wo er Rin-Tin-Tin mit seinen Kommandos dirigiert, bedeutet ihm mehr als all das Geld, das ihm die Warner-Brüder zahlen.

Die sind von allen vermutlich am glücklichsten. Denn der Film, der 1923 in die Kinos kommt, wird tatsächlich der so dringend herbeigesehnte Erfolg. Mehr noch, er ist eine Sensation: »Wie ein Flächenbrand greift der Streifen um sich und lässt die Filmfans in die Kinosäle rennen, überall in den Vereinigten Staaten!«, schreibt ein Kritiker. *Where the North begins* spielt mindestens 350 000 Dollar ein, für die Warner-Brüder ein unfassbarer Gewinn. Die revanchieren sich bei Lee Duncan mit einer stattlichen Gage und einem Dreijahresvertrag für ihn und seinen Hund.

Rin-Tin-Tin gilt nun als der größte Rivale von Strongheart – nach nur einer einzigen Hauptrolle. Waschkorbweise treffen Fanbriefe im Studio ein, darunter mehr als 50 000 Bitten um ein Foto. Warner Bros. verschickt ein Porträt des Hundes, den Blick voller Melancholie, von Duncan unterschrieben mit: »Hochachtungsvoll, Rin-Tin-Tin«.

Die Warner-Brüder wollen Kasse machen mit ihrem vierbeinigen Star, solange die Begeisterung anhält. Sie schicken Lee und Rin-Tin-Tin auf eine monatelange Promotiontour durch die USA. Die beiden tingeln von Bühne zu Bühne und zeigen eine Auswahl der spektakulären Kunststücke, die sie eingeübt haben. Das ist nicht nur aus Werbegründen ein kluger Schachzug. Denn kaum jemand kann sich vorstellen, dass der Hund all diese Szenen ohne Gewaltanwendung gemeistert hat. Damals werden Tiere bei Dreharbeiten oft rüde behandelt. Man schubst sie, tritt sie, zwingt sie zu Aktionen, vor denen sie sich fürchten. All das kommt für Duncan nicht infrage. Er hat seine eigene Methode entwickelt und ist damit seiner Zeit weit voraus. Im Grunde tut er genau das, was heutiges Hundetraining ausmacht: Er arbeitet mit einer Belohnung. Duncan besitzt ein Spielzeug, nach dem Rin-Tin-Tin verrückt ist: eine quietschende Puppe. Wenn ein Kommando klappt, darf der Hund zur Belohnung mit der Puppe herumtoben. So lernt er buchstäblich spielend, was Duncan ihm beibringt. Und der kann nun auf Theaterbühnen vorführen, dass tierische Meisterleistungen ohne jede Gewalteinwirkung möglich sind.

Ein Reporter namens Francis Rule sitzt in einer dieser Vorstellungen und ist hingerissen. Im *Picture Play Magazine* schreibt er: »Es folgte eine der interessantesten Vorführungen, die ich je gesehen habe. Zwischen diesem Hund und seinem Herrn herrschte ein so perfektes Einverständnis, wie es zwischen zwei Lebewesen nur möglich ist. Mr. Duncan sprach mit Rin-Tin-Tin genau so, als wäre er ein Mensch, und es war deutlich zu sehen, dass der Hund jedes Wort verstand, das er sagte. Er demonstrierte, wie er ihn in den Studios dirigierte, und es unterschied sich nicht wesentlich von der Art und Weise, wie jeder andere Filmschauspieler dirigiert wird.«

Aber das Wichtigste: Duncan bewegt seinen Hund allein mit der Stimme, er berührt ihn nie. Während der Aufführungen steht er etwa drei Meter von Rin-Tin-Tin entfernt und gibt ihm einfach nur Anweisungen. So wie am Set auch.

»Senk die Ohren«, sagt er, und der Hund dreht seine Ohren zur Seite, fast zeitgleich mit Duncans Kommando. Er wirkt jetzt, als sei er eingeschüchtert.

Beim nächsten Kommando bäumt Rin-Tin-Tin sich auf und wirft sich rücklings zu Boden, als habe ihn eine Kugel erwischt. Er verkrampft sich, die Hinterläufe zucken im imaginären Todeskampf, er hebt noch einmal den Kopf und verendet dann auf offener Bühne. Durch das Publikum geht ein ungläubiges Raunen.

»Gut gemacht, mein Junge«, sagt Duncan. Und dann: »Steh auf und verneige dich.« Der Hund springt auf, schüttelt sich und macht an der Rampe eine perfekte Verbeugung.

»Es hatte etwas Unheimliches«, schreibt Francis Rule.

Im Zenit

Unheimlich ist auch das Tempo, mit dem Rin-Tin-Tins Stern aufsteigt. Ab 1923 dreht er pro Jahr zwei bis drei abendfüllende Filme. Insgesamt wird er in 22 Stummfilmen mitspielen. Ab 1927 kommen noch sieben Tonfilme dazu. Das ist weit mehr, als

Strongheart je gemacht hat. Für Warner Bros. ist Rin-Tin-Tin der Goldesel schlechthin. Mit ihm lassen sich zuverlässig alle Schulden tilgen. Jedes Mal, wenn es in der Kasse knapp wird, werfen die Brüder einen Rin-Tin-Tin-Film auf den Markt, und schon ist der Betrieb wieder saniert.

Damit Duncan bei der Stange bleibt und nicht in ein anderes Studio abwandert, zahlt Warner Bros. dem Hund eine Gage, die bis zu achtmal höher ausfällt als die der menschlichen Stars. Schon 1924 erhält Rin-Tin-Tin 1000 Dollar wöchentlich für seinen Part im Film *Lighthouse by the Sea*, während sich der männliche Hauptdarsteller William Collier Jr. mit 150 Dollar pro Woche begnügen muss.

Lee darf ein kleines Büro auf dem Produktionsgelände beziehen, in dem er die Fanpost bearbeitet. Morgens wird er von einem Chauffeur abgeholt und am Ende des Tages wieder nach Hause gebracht. Er kann sich von seinem Einkommen drei Häuser leisten, je eines für sich, seine Schwester und seine Mutter, sowie ein kleines Ferienhaus am Strand.

Neben den Filmen sucht Duncan nach weiteren Einnahmequellen – wer weiß, wie lange die Glückssträhne anhält? – und entdeckt das Werbegeschäft. 1923 produziert die Firma Chappel Bros. das erste industriell gefertigte Dosenfutter für Hunde, und Rin-Tin-Tin ist das Gesicht der Werbekampagne. Sein berühmtes melancholisches Porträt prangt auf allen Futterdosen.

Ein anderes Zusatzgeschäft ist der Handel mit Welpen. Duncan hält neben Rin-Tin-Tin eine Schäferhündin, genannt Nanette, in Erinnerung an Rintys kleine Schwester. Bald ist halb Hollywood verrückt nach Rin-Tin-Tin-Nachwuchs. Und so verkauft Duncan einen Welpen nach dem nächsten aus seiner eigenen Zucht, unter anderem an die Stummfilm-Diven Greta Garbo und Jean Harlow. Manche der Kleinen werden sogar nach Japan verschifft. Auch dort hat Rin-Tin-Tin jede Menge Fans.

Den Goldesel der Warner-Brüder umweht jedoch ein dunkles Geheimnis. Immer wieder wird gemunkelt, dass es nicht nur einen Rin-Tin-Tin geben soll, sondern gleich mehrere. Für den Verdacht gibt es gute Gründe: Zum einen ist der Hund praktisch allgegenwärtig. Er dreht einen Film nach dem nächsten, reist durch die Vereinigten Staaten, tritt in Radioshows auf, besucht Waisenhäuser und Tierheime, lässt sich von Bürgermeistern die Schlüssel ihrer Städte überreichen und bekommt Medaillen um den Hals gehängt. Zum anderen hat er den Ruf, nicht allzu umgänglich zu sein. Ihn anzufassen kann problematisch werden, zumindest wenn Duncan nicht dabei ist. Mancher Schauspieler hat regelrecht Angst vor ihm. In seinen Filmen aber lässt Rin-Tin-Tin sich innig umarmen und gibt sich sehr verschmust. Ist das immer ein und derselbe Hund?

Jahrzehnte später lüftet Jack Warner das Geheimnis: »Als wir Rintys Verdienstmöglichkeiten erkannten, wurde uns klar«, sagt er in einem Zeitungsinterview, »dass unsere Investition verloren wäre, wenn ihm etwas zustieße. Deshalb beschlossen wir mit Duncans Einverständnis, einen ganzen Zwinger voller Doppelgänger zu züchten und auszubilden. Schließlich hatten wir 18 Rin-Tin-Tins. Wir haben sie alle eingesetzt.«

Weil Hunde nicht sprechen

Duncan geht eine so tiefe Bindung mit Rin-Tin-Tin ein, dass menschliche Gemeinschaft daneben verblasst – zum Leidwesen seiner Frau. Seit 1921 ist Lee mit der Farmerin Charlotte Anderson verheiratet, die Pferde hält und fast so tierlieb ist wie Duncan. Doch nur sechs Jahre später lässt sie sich scheiden, weil sie es satthat, mit einem Hund um Duncans Aufmerksamkeit zu konkurrieren und dabei stets den Kürzeren zu ziehen. Auch ist ihr Mann so gut wie nie zu Hause. Kommt er doch einmal heim von all den Dreharbeiten und Werbetouren, bricht er sofort wieder auf, in eine ganz andere Welt, die weder etwas mit Glamour zu tun hat noch mit einem Eheleben. Tagelang stromert er mit Rin-Tin-Tin durch die Berge, geht mit ihm schwimmen und angelt im Fluss. Abends sitzen die zwei am Lagerfeuer, dicht beieinander, und starren in die Flammen. Während Charlotte Anderson zu Hause sitzt und sich fragt, auf wen oder was sie da eigentlich wartet. Vor dem Scheidungsrichter sagt sie bitter: »Mein Mann liebt nur ein Geschöpf auf Erden und das bin leider nicht ich.«

1927 wird für Duncan und Rin-Tin-Tin ein entscheidendes Jahr, nicht nur wegen der gescheiterten Ehe. Der Hund ist auf der Leinwand gefragt wie nie, er dreht vier Filme nacheinander. Auch wird er zum beliebtesten Schauspieler in den USA gewählt, und so mancher sähe ihn gern auf der Liste der Oscar-Nominierungen. Aber das geht der Academy dann doch zu weit. Filmstar hin oder her, ein Tier kann keinen Oscar bekommen.

Doch 1927 markiert noch in anderer Hinsicht eine Zäsur. Zunächst ist es nur eine fixe Idee: Lassen sich die bewegten Bilder vertonen? Die Schauspielerinnen und Schauspieler sprechen ja in ihren Filmen. Sie bewegen die Lippen, man kann sie nur nicht hören. Bei den Warner-Brüdern wird nun intensiv daran gearbeitet, Ton in die Szenen einzubauen. Im Oktober 1927 bringen sie den Film *The Jazz Singer* in die Kinos, der als erster Tonfilm der Welt gilt, auch wenn es hier und da schon Experimente mit Sprachaufnahmen gegeben hat. In einer kleinen Sequenz von *The Jazz Singer* wird lippensynchron gesprochen, der Hauptdarsteller ist leibhaftig zu hören. Das Publikum ist hingerissen. Genau wie die Warner-Brüder, die die Zukunft des Kinos in einem neuen Gewand kommen sehen.

Zugleich lässt sich nicht mehr übersehen, dass Rin-Tin-Tin altert. Dank der Doubles – überwiegend von Duncan trainiert – gibt es zwar weiterhin waghalsige Szenen und Stunts in Rin-Tin-Tins Filmen. Aber weil nun der Ton hinzukommt, verschieben sich die Kräfteverhältnisse zwischen Mensch und Tier. In den ersten Filmen ist der Hund der Star, dem die Schauspielerinnen und Schauspieler zuarbeiten. Nun kehrt sich das Ganze um. Rin-Tin-Tins Filmszenen schnurren zusammen. Er darf in den Tonfilmen zwar noch mitspielen, aber nur noch als tierischer Begleiter der Hauptdarsteller, nicht mehr als Zugpferd.

Zwei Jahre später ist es für die Warner-Brüder beschlossene Sache: Der Stummfilm gehört der Vergangenheit an – und mit ihm seine Akteurinnen und Akteure. Im Dezember 1929 bekommt Lee auf dem Studiogelände von einem Boten einen Brief überreicht. Duncan ist sofort im Bilde, was das zu bedeuten hat. Er wiegt den Umschlag in der Hand. Er ist dick und schwer.

»Da drin sind schlechte Nachrichten, mein Junge«, sagt er zu dem Boten und lächelt. Dann dreht er sich um, geht ein paar Schritte zur Seite und öffnet den Brief. Zieht das Schreiben eines Anwalts heraus, das seine und Rin-Tin-Tins Kündigung enthält. In gedrechselten Worten teilt ihm das Studio mit, dass die Produktion von Tonfilmen nun Priorität habe, weshalb Tierfilme wie früher mit Rin-Tin-Tin leider nicht mehr gedreht werden könnten. Aus dem einfachen Grund, »weil Tiere nicht sprechen«.

Lee Duncan ist nicht der Typ, der jetzt Ärger macht. Er geht hinüber in sein kleines Büro und räumt still seine Sachen zusammen. Der Trubel der vergangenen Jahre hat Spuren hinterlassen, bei ihm und vor allem bei seinem Hund. Er selbst geht auf die vierzig zu. Rin-Tin-Tin ist mittlerweile zwölf, seine Schnauze unübersehbar grau geworden, sein Körper wird immer steifer. Strongheart, der ewige Rivale, lebt schon nicht mehr.

Als Lee zu Hause in seiner einsamen Villa sitzt, weiß er, was ihm fehlt: Urlaub. Wann war er zuletzt mit Rin-Tin-Tin in den Bergen, über mehrere Wochen, ohne Termindruck, ohne Pläne? Lee will wieder jagen und angeln wie früher, will mit seinem Hund im Freien schlafen, Fische über dem Feuer braten, von der Sonne geweckt werden. Aber kann Rinty noch durch die Berge wandern? Damit er sich nicht zu sehr anstrengt, bastelt Duncan für seinen Hund eine Art Sattel, eine Trage mit Sonnenschutz, und schnallt sie einem Esel auf den Rücken. Und so reist Rin-Tin-Tin wie eine königliche Hoheit durch die kalifornischen Berge. Neben ihm wandert sein Freund. Die beiden sehen tagelang keinen einzigen Menschen und sind plötzlich wieder das, was sie von Anfang an waren: zwei Seelengefährten, abgeschnitten von der Welt und sich selbst genug.

Ein guter Hund stirbt nie

Noch gibt es ein paar kleinere Studios, die mit Rin-Tin-Tin Filme drehen wollen. Auch warten viele Theater nur darauf, den berühmtesten Hund Amerikas auf ihrer Bühne zu zeigen. Die Welt hat Rin-Tin-Tin keinesfalls vergessen. Er ist nur für die Warner-Brüder Geschichte.

Aber die globale Wirtschaftskrise trifft auch Lee hart. Die Bank, der er sein Vermögen anvertraut hat, geht pleite, weiteres Geld verliert er durch einen Betrüger. Er muss ein Haus verkaufen, und sein Stranddomizil wird von einer Sturmflut mitgerissen. Um über die Runden zu kommen, arbeiten er und Rin-Tin-Tin unermüdlich weiter. Es gibt neue Filme und Serien, weitere Auftritte auf Theaterbühnen.

Dann bleibt die Welt auf einmal stehen, mit einem Ruck. Am Nachmittag des 10. August 1932 hört Duncan in seinem Haus Rin-Tin-Tin bellen. Aber es ist kein Bellen wie sonst, es hört sich fremd und seltsam an. Lee lässt sofort alles stehen und liegen. Läuft durch das Haus, sucht den Hund, findet ihn flach auf der Seite liegend. Er hat noch ein paar Atemzüge Leben in sich. Dann stirbt er vor Duncans Augen. Woran, weiß niemand.

Anderntags unterbrechen die Radiosender in den Vereinigten Staaten ihre Nachrichten, um Rin-Tin-Tins Tod zu vermelden. »Dieser Hund war alles, was wir selbst sein wollten«, sagt ein Radiosprecher. Aus der ganzen Welt treffen Briefe bei Duncan ein. Fremde Menschen schreiben ihm, wie sehr sie Rin-Tin-Tin geliebt haben. Lee selbst wirkt wie erstarrt. Dass es seinen Hund nicht mehr geben soll, ist für ihn unbegreiflich.

Offenbar fühlen auch andere so. Immer wieder liest er in den Briefen: »Rin-Tin-Tin wird niemals sterben.«

Und tatsächlich, Amerikas berühmtester Hund lebt bald in vielerlei Gestalt weiter, über mehrere Jahrzehnte. Lee Duncan kann nicht anders, als mit Hunden zu arbeiten. Er bildet neue Rin-Tin-Tins aus und macht sie fit fürs Filmgeschäft. Erst sind es die direkten Nachkommen seines Hundes, die als Rin-Tin-Tin junior, Rin-Tin-Tin III und Rin-Tin-Tin IV in Filmen auftreten. Doch im Lauf der Zeit wird das genetische Erbe für Duncan immer unwichtiger. Irgendwann übernimmt einfach ein begabter Schäferhund nach dem nächsten den Markennamen und tritt Rin-Tin-Tins Erbe an.

In den Fünfzigerjahren produziert ein Filmstudio für das aufstrebende Medium Fernsehen die Serie »Die Abenteuer von Rin-Tin-Tin«. Sie gehört bald zu den populärsten in den USA. Ihr Erfolg schwappt sogar über den Atlantik und wird zur ersten amerikanischen Serie, die im deutschen Fernsehen ausgestrahlt wird, am 16. Februar 1956.

Da ist der echte Rin-Tin-Tin schon mehr als zwanzig Jahre tot. »Ein guter Hund stirbt nie«, schreibt die amerikanische Schriftstellerin Mary Carolyn Davies in einem Gedicht. Sie lebt zur selben Zeit wie Rin-Tin-Tin und behält recht: Als Lee Duncan 1960 an einem Herzinfarkt stirbt, ist sein Hund weiter quicklebendig – als Fernsehstar und in den Köpfen und Herzen von Millionen Zuschauerinnen und Zuschauern.

Weela

und ihr siebter Sinn

Einst ausgestoßen und dem Tod preisgegeben, findet die Pitbull-Hündin Weela ein neues Zuhause – und eine Mission: das Leben anderer Tiere zu retten. Dank einer besonderen Gabe.

Zehn kleine Hundekörper drängeln sich fiepend aneinander. Sie frieren, der Boden unter ihren Bäuchen besteht aus nacktem Asphalt. Nichts ist so, wie es sein soll, wenn man als Welpe zur Welt gekommen ist. Es gibt keine Zunge, die über den Rücken leckt, keine nahrhafte Milch gegen den allgegenwärtigen Hunger, kein sicheres Nest für den Schlaf. Stattdessen: Schritte, die sich nähern. Ein Rumpeln über den Köpfen, Schritte, die sich entfernen. Dann kommt die Stille zurück. Und die große Angst. Seit Stunden liegen die vier Wochen alten Pitbulls hinter Mülltonnen in einer Seitengasse. Dort sind sie ausgesetzt worden, mitten in einer kalifornischen Kleinstadt. Die Gegend ist belebt. Doch bislang hat sich niemand zu den Welpen hinuntergebeugt. Niemand hat sie überhaupt nur wahrgenommen.

Lori Watkins will noch ein paar Besorgungen machen, bevor die Läden schließen. Sie setzt sich ins Auto und fährt nach Imperial Beach, dem kleinen Ort, der ihrer Ranch am nächsten liegt. Sie parkt den Wagen vor einer Gasse und geht einkaufen. Als sie mit vollen Taschen zum Auto zurückkehrt, hört sie mit einem Mal ein Wimmern, dünn und in einiger Entfernung. Der Laut stammt von einem Tier, das weiß sie sofort. Lori liebt Tiere. Zu Hause auf ihrer Farm leben Pferde, Kühe, Ziegen, Hühner, und wann immer ein Wildtier in Not ist, kann es auf Lori Watkins zählen.

Das Wimmern kommt aus der Seitengasse. Sie verstaut ihre Einkäufe im Kofferraum und geht auf das Geräusch zu. Am Ende der Gasse stehen Mülltonnen. Die Laute klingen jetzt herzzerreißend, sie fängt an zu laufen.

Zehn kleine, nein, winzige Welpen! Völlig unterkühlt. Lori kniet vor den Hunden, nimmt einen nach dem anderen hoch, fühlt das Zittern ihrer Körper. Es sind zu viele, um sie im Arm wegzutragen. Sie rennt zu ihrem Auto, zerrt eine Decke vom Rücksitz, läuft wieder zu den Mülltonnen. Packt den gesamten Wurf ein.

Auf ihre Familie ist Verlass. Kaum zu Hause angekommen, sind Ehemann Daniel und Gary, der achtjährige Sohn, schon zur Stelle. Sie betten die Welpen in eine gepolsterte Kiste. Füllen Wärmflaschen auf und legen sie um die Hunde herum. Füttern sie mit warmer Ziegenmilch, säubern sie und geben ihnen all die Fürsorge, die sie – wer weiß, wie lange – entbehren mussten. Ab sofort herrscht Ausnahmezustand bei den Watkins. Wochenlang werden die Welpen von Hand aufgezogen und wachsen zu kräftigen Junghunden heran. Wer die Familie besucht, bleibt oft Stunden und kann sich nicht losreißen von dem Gewusel. Ein kleiner Pitbull nach dem anderen verlässt die Farm und zieht in sein eigenes Heim.

Nur eine Hündin nicht: Weela. Es ist unmöglich, sie aus dem Haus zu geben. Sie folgt Gary wie ein Schatten und beschützt ihn, als wäre sie sein Kindermädchen. Der Junge erwidert Weelas Liebe und bettelt darum, sie behalten zu dürfen. Und das erweist sich noch als großes Glück: für die Tiere der Nachbarschaft.

Die Flut

Anfang 1993 ist Weela drei Jahre alt und liebt das Leben auf ihrer Farm. Wenn Daniel und Lori angeln gehen, kommt sie mit, weil sie so gern im Fluss schwimmt. Abends lümmelt sie auf den Sofas im Haus herum und lässt sich den Bauch kraulen. Versucht, sich in die Betten der Familie zu schleichen, und wird doch immer wieder daraus vertrieben.

Am 5. Januar ist es schlagartig mit der Gemütlichkeit vorbei. Eine Regenfront zieht auf, wie sie die Ranch noch nicht erlebt hat, und setzt sich über Südkalifornien fest. Nicht einen Moment hört es auf zu schütten. Die Watkins haben alle Hände voll zu tun, das Wasser aus den Ställen und dem Wohnhaus fernzuhalten. Die Weiden sind bald überspült, lassen sich nur noch in Gummistiefeln durchwaten. Hinzu kommen die Winterstürme. Kaum ist einer abgeflaut, zieht schon der nächste heran. Das fortwährende Geheul macht Menschen und Tiere verrückt. Die Watkins-Ranch liegt nicht weit von der mexikanischen Grenze entfernt. Von dort kommen schlimme Nachrichten über Schlammlawinen, die mehrere Menschen in den Tod gerissen haben. Besonders bedrohlich ist die Entwicklung am

Tijuana River, der in der Nähe der Farm in den Pazifik mündet. Eigentlich ist das ein schmales Flüsschen. Doch nun ist es weit über die Ufer getreten. Wo vorher Ackerflächen waren, breiten sich Seenlandschaften aus. Und der Wetterdienst meldet weiteren Regen: keine Besserung in Sicht.

Da klingelt das Telefon bei Lori und Daniel. Ihr Nachbar Paul ist verzweifelt. Er liegt im Krankenhaus, kann nicht zu seiner Farm zurück. Jemand muss dringend nach seinen zwölf Hunden sehen. Manche sind draußen in den Zwingern, andere im Haus. Lori verspricht, sich um die Tiere zu kümmern, setzt sich noch in derselben Stunde mit Daniel in den Pick-up und nimmt auch Weela mit.

Aber sie schaffen es schon gar nicht mehr bis hinauf zu Pauls Hof. Ein breiter Wasserlauf hat die Zuwegung abgeschnitten, Trümmer und Schutt treiben darin. Man kann fast zusehen, wie der Pegel steigt. Lori hat keine Idee, wie sie den Hunden helfen können, deren Jaulen und Bellen zu ihnen dringt. Sie müssen halb verrückt sein vor Angst. Und was sollen sie mit Weela machen? Auch wenn sie muskulös und kräftig ist, dort hindurchschwimmen kann sie nicht. Lori will gerade Daniel bitten, sich Weela auf die Schultern zu heben, als sie sieht, wie die Hündin am Rand des Stroms auf- und abläuft. Sie scheint etwas zu suchen. »Weela, komm her!«, ruft Lori durch das Tosen des Windes, der wieder an Stärke zugenommen hat.

Doch die Hündin hört nicht. Sie setzt eine Pfote ins Wasser, dann die nächste, zögert einen Moment und watet dann weiter durch den Strom, bis ihre Flanken im Wasser verschwinden. Kurz darauf kann Lori ihren hellen Bauch schon wieder sehen, so als wandle Weela auf der Oberfläche. Offenbar hat sie eine

Stelle gefunden, die passierbar ist. Der Strom scheint dort nur knöcheltief zu sein.

»Daniel! Hier!«, ruft Lori. Die Hündin steht bereits auf der anderen Seite, schüttelt sich. Lori geht ihr vorsichtig nach, der Strom umspült ihre Stiefel, aber sie spürt festen Grund. Direkt hinter ihr arbeitet sich Daniel langsam voran. Als sie alle drei drüben sind, rennen sie durch den peitschenden Regen hinauf zum Farmhaus. Die großen Hunde stehen in Pfützen, Lori kann die Angst in ihren Gesichtern sehen. Während sie den Zwinger betritt, geht Daniel ins Haus. Sie werden alle zwölf Hunde anleinen und mit ihnen zeitgleich die Ranch verlassen müssen, solange sie noch durch den Strom waten können. Sie nacheinander zu holen, wagen sie nicht.

Weelas siebter Sinn

Das Wasser unterhalb von Pauls Farm steht jetzt so hoch, dass es selbst an der seichten Stelle nicht mehr passierbar ist. Daniel, der je drei Hunde rechts und links an Leinen festhält, setzt seinen Stiefel hinein. Aber er spürt keinen Grund unter den Sohlen. Schwimmen ist viel zu gefährlich, bei all dem, was im Strom treibt. Und mit so vielen Hunden geht es erst recht nicht.

Die Watkins beratschlagen sich schreiend über das Prasseln des Regens hinweg, suchen fieberhaft nach einem Ausweg. Da hören sie plötzlich Weela bellen. Sie steht etliche Meter stromabwärts mitten im Wasser. Hat sie wieder eine Furt entdeckt? Lori und Daniel rennen, mit all den Hunden im Schlepptau, in ihre Richtung. Sehen, wie die Hündin erst kehrtmacht, auf sie zukommt und dann erneut ins Wasser hinauswatet, als wolle sie zeigen: Hier geht es! Die Watkins folgen ihr zögernd. Pauls Hunde machen tapfer mit, wenn auch der ein oder andere vor Angst winselt. Der Untergrund ist schlammig, dafür gibt es an dieser Stelle keine Strömung. Das Wasser schwappt über die Ränder der Gummistiefel, aber es zerrt nicht an ihnen.

Nur noch knappe zwei Meter trennt die Gruppe vom Ufer, als Weela mit einem Mal innehält. Ihr Oberkörper sackt ab. Offenbar ist es dort zu tief, um weiterzukommen. Sie watet einige Meter seitwärts, bis ihr Rücken sich aus dem Wasser hebt, als klettere sie auf eine Sandbank. Dann macht sie einen Satz ans Ufer und bellt. Hopst auf und ab, als fordere sie ihre Menschen auf, sich zu beeilen.

Nass bis auf die Haut, aber unversehrt kommen alle durch den Strom. Weela galoppiert auf den Pick-up zu. Ihre Läufe sind tiefschwarz vom Schlamm. Und nicht nur ihre.

Zu Hause auf der Ranch dauert es Stunden, die Hunde sauberzumachen und zu versorgen. Paul hat zu weinen begonnen, als Lori ihm am Telefon erzählte, dass alle seine Tiere in Sicherheit sind. Dass sie jetzt auf Decken im Wohnzimmer liegen, mit prall gefüllten Bäuchen, und schnarchen.

»Er hat nicht geglaubt, dass wir es schaffen. Nach allem, was er im Radio gehört hat«, sagt Lori zu Daniel. Mitten in der Nacht sitzen die beiden am Küchentisch und trinken eine Tasse Tee nach der anderen.

»Haben wir ja auch nicht, wenn wir ehrlich sind«, erwidert ihr Mann. »Weela hat es geschafft. Ohne sie wären wir nicht mal bis zu den Hunden durchgekommen.«

13 Pferde in Not

Die Flutkatastrophe im Winter 1993 gehört zu den schlimmsten, die Südkalifornien in den vergangenen Jahrzehnten erlebt hat. Sie dauert fast zwei Monate an, bis zum 28. Februar. Das Tal des Tijuana Rivers steht metertief unter Wasser, der Fluss hat das Land auf einer Länge von sechzehn Kilometern überflutet. Straßen sind unpassierbar, mancherorts werden die Einwohnerinnen und Einwohner tagelang von der Außenwelt abgeschnitten. Beim Versuch, sich selbst zu evakuieren oder ihr Hab und Gut zu retten, ertrinken mehrere Menschen. Weidetiere sind von den Wassermassen eingeschlossen. Und auch, wenn die Polizei dabei hilft, sie in Transportern wegzubringen, etliche können nicht gerettet werden, versinken in der allgegenwärtigen Flut.

Da hört Lori von dreizehn gestrandeten Pferden, die sich auf einem riesigen Misthaufen zusammendrängen. Die Tiere sind, als das Wasser anschwoll, dort hinaufgeklettert. Jetzt stehen sie schutzlos auf ihrer Anhöhe und können jederzeit kollabieren, vor Schwäche und Angst.

»Ich halte das nicht mehr aus«, sagt Lori zu ihrem Mann. Sie telefoniert sich durch die Nachbarschaft und stellt ein Rettungsteam zusammen. Viele sind es nicht, die mitmachen wollen, doch wer Ja gesagt hat, weiß von Weelas Rettungstat bei Paul. Lori gibt sich zuversichtlich, dass ihre Hündin auch ein zweites Mal Menschen durchs Wasser lotsen kann: »Sie hat einen siebten Sinn für so was.« Dass sie selbst Zweifel hat, behält sie für sich. Vielleicht war es nur Zufall, dass Weela die passierbaren Stellen gefunden hat, vielleicht geht jetzt alles schief. Aber wenn Lori es nicht wenigstens versucht, findet sie nicht mehr in den Schlaf.

Als das Rettungsteam bei den überspülten Weiden eintrifft, regnet es nur leicht. Auch der Wind hat spürbar nachgelassen. Eine Handvoll Menschen in schweren Stiefeln und dicken Regenmänteln entsteigt den Landrovern und Viehtransportern, blickt nervös auf den Misthaufen, der wie eine Insel aus einer Wasserwüste ragt. Oben stehen die Pferde ruhig zusammen, aber Lori weiß, dass das kein gutes Zeichen ist. Wenn ein Fluchttier nicht mehr fliehen kann, wenn ihm jeder Ausweg versperrt ist, verfällt es vor Angst manchmal in Starre. Dann ist es nur noch eine Frage der Zeit, bis es zusammenbricht, weil es dem Stress nicht mehr standhält. Es wird allerhöchste Zeit, die Pferde zu holen.

Das Wasser liegt ruhig da, wie ein See. Zum Hindurchwaten ist es überall zu tief. Weela läuft am Rand auf und ab, macht immer wieder ein paar Schritte hinein, stoppt, weicht zurück, probiert eine neue Stelle aus. Schwimmt ein paar Züge. Scheint Grund unter den Pfoten zu finden, denn ihr Rücken taucht immer wieder auf. Ohne sich umzudrehen, geht sie weiter, auf die Pferde zu. »Kommt!«, ruft Lori. Dort, wo ihre Hündin geschwommen ist, reicht das Wasser den Helfern bis zu den Oberschenkeln. Aber der Untergrund fühlt sich fest an.

Die Hündin lotst das Team durch die Wasserlandschaft. Fast sieht es so aus, als führe sie einen Angelausflug an, bei dem es etwas abenteuerlich zugeht. Die Hosen und Mäntel der Retter saugen sich mit Wasser voll. Aber nirgendwo ist es so tief, dass sie umkehren müssen. »Mein Gott«, schießt es Lori durch den Kopf. »Sie schafft es wirklich.«

Dann sind sie bei den Pferden. Das Team besteht aus Farmerinnen und Farmern, von denen alle wissen, was jetzt zu tun ist. Nacheinander klettern sie die Anhöhe hoch, nähern sich den Tieren. Greifen behutsam nach den Halftern, wie sie es auf den Weiden tun. Streicheln die Pferde, sprechen zu ihnen mit gedämpften Stimmen. Einer macht die Leitstute ausfindig und beginnt, sie langsam hügelabwärts zu führen. Die anderen Pferde folgen, begleitet von Loris Team.

Der beste Preis von allen

Weela bringt an diesem Tag dreizehn Pferde in Sicherheit. Auf dem Rückweg schwimmt sie fast unentwegt durchs Wasser. Ihr folgt eine stumme Prozession aus Menschen und Tieren. Erst als alle an Land sind, die Pferde sicher in den Hängern stehen, löst sich die Anspannung unter den Helfern. Sie klatschen sich ab, schütten grinsend das Wasser aus ihren Stiefeln, tätscheln Weela, nehmen Lori in den Arm. Am Abend geht neuer Regen nieder. Dreizehn gerettete Pferde stehen da längst in ihren trockenen Ställen und rupfen Heu aus den Netzen.

Ein Jahr später hält Paul Harvey, ein berühmter Radiomoderator, eine Lobrede auf die Pitbull-Hündin. Ein Hundefutterhersteller hat sie zum Hund des Jahres 1993 ernannt. »Weela Watkins«, spricht Harvey mit seiner getragenen Stimme ins Mikrofon, »hat für ihre Heldentaten eine Ehrung bekommen. Und einen silbernen Napf. Doch ein anderer Preis ist ihr vermutlich wichtiger. Sie darf nun für alle Zeiten dort schlafen, wo es ihr am liebsten ist: im Bett von Lori und Daniel Watkins.«

Nora

Die Lebensretterin am Berg

Sie sucht nach vermissten Wanderern und nach Lawinenopfern. Manchmal ist Nora, die Rettungshündin aus der Schweiz, die letzte Hoffnung für einen Verschütteten. Dann steht nur noch ihre Nase zwischen ihm und dem Tod.

Im Inneren einer Lawine versagen die wichtigsten Sinne eines Menschen. Die Dunkelheit ist so vollkommen, als wäre man schlagartig erblindet. Auch die Ohren empfangen keinen einzigen Laut. Abgeschnitten von der Außenwelt und unfähig, sich zu bewegen, liegt das Lawinenopfer eingemauert unter Tonnen von Schnee. Wo ist oben, wo unten? Manche Verschütteten sind schwer verletzt, haben sich beim Lawinenabgang etliche Knochen gebrochen. Wem es gelang, die Arme vor den Kopf zu pressen, als die Lawine ihn mitriss, hat mit Glück jetzt einen Hohlraum vor dem Mund, in dem sich Restluft befindet. Eine Atemhöhle, die Zeit verschafft.

So geht es Karl Mattli am 9. April 2019. Der Bergbauer aus Göschenen im Schweizer Kanton Uri liegt drei Meter tief unter einer Nassschneelawine. Sie hat ihn bei Räumarbeiten überrascht. Zusammen mit einem Kollegen will er gerade die Straße zu seinem Dorf freischaufeln, die ein Schneebrett verschüttet hat, als es plötzlich über ihnen donnert. Eine Nachlawine löst sich, begräbt in rasendem Fall die Straße unter sich. Der Kollege kann sich knapp retten, Karl Mattli wird mitgerissen. Als die Lawine zum Stillstand kommt, ist er bei vollem Bewusstsein. Rühren kann er sich nicht, aber atmen. Und seine rechte Hand ein wenig bewegen, die vor seinem Gesicht liegt. Er scharrt mit den Fingern, so gut es geht, vergrößert die Atemhöhle vor seinem Mund. Dass es jetzt um Minuten geht, weiß er.

Ein cooler Hund

Zur selben Zeit döst eine achtjährige Labradorhündin erst im Körbchen, wechselt dann ins Bett ihres Hundeführers. Ihr Fell ist kohlschwarz, ihr Leib durchtrainiert. Nora ist ein Suchhund und muss im Einsatz an ihre körperlichen Grenzen gehen. Ist sie nicht im Dienst, hat sie es gern gemütlich. Ihre Familie hat sich komplett der Bergrettung verschrieben: René Geisser und seine Frau gehören zur alpinen Rettungsstation Engelberg 5.14 in der Zentralschweiz. Im Sommer suchen sie mit ihren Hündinnen Nora und Kira nach Bergsteigern, die von einer Tour nicht zurückgekehrt sind. Im Winter fliegen sie mit dem Helikopter zu Lawinenabgängen und hoffen, dass ihre Hunde noch rechtzeitig zu den Verschütteten vordringen. All das machen sie ehrenamtlich. René Geisser, der Nora führt, ist hauptberuflich Polizist bei der Alpinen Einsatzgruppe. Nora ist sein erster Suchhund – und eine eindrucksvolle Persönlichkeit.

Schon während ihrer dreijährigen Ausbildung bemerkt Geisser, dass seine Hündin strikt ökonomisch vorgeht. Sie hat im

Training gelernt, nur der Geruchsspur von Menschen zu folgen. Daran hält sie sich konsequent, was bedeutet: Ohne Witterung läuft sie nicht los. Andere Hunde – wie ihre Freundin Kira – stehen bei Übungen oft derart unter Strom, dass sie sich körperlich verausgaben, selbst wenn es noch nichts zu riechen gibt. Sie rennen weite Strecken und verlieren Energie. Nora dagegen verlässt sich allein auf ihre Nase. Das führt manchmal zu stummen Diskussionen zwischen ihr und ihrem Menschen. Will Geisser sie bei einer Übung hangabwärts schicken, weil er meint, dort unten könnte man auch noch suchen, bleibt Nora stehen, solange sie nichts wittert. Blickt ihn durchdringend an. In ihren Augen liest er: Da ist nichts. Da muss ich jetzt nicht runter.

René Geisser ist ein einfühlsamer Hundeführer. Er versteht rasch, dass er Nora vertrauen kann. Denn ihre Nase hat recht. Auf Anhieb schafft sie alle ihre Prüfungen. Sie liebt den Rettungsdienst, vor allem das Fliegen im Helikopter. Weil sie ihre Kräfte dosiert, kann sie stundenlang arbeiten. Und noch etwas an ihr ist eigen: Andere Suchhunde kehren zu ihren Menschen zurück, sobald sie jemanden aufgespürt haben. Ob die Person tot oder lebendig ist, spielt dabei keine Rolle. Nora tut das nicht. Findet sie einen Toten, bleibt sie bei ihm. Sie setzt sich neben den Leichnam, als halte sie Wache, und wartet auf die Crew. Bald weiß Geisser, dass es kein gutes Zeichen ist, wenn seine Hündin im Einsatz nicht wieder auftaucht.

Dass sie auch armdicke Nerven hat, erfährt der Rettungsspezialist an einem Tag im Juni. Sie überfliegen ein Areal im Gebirge, in dem noch immer Schnee liegt. Dort ist eine Lawine abgegangen, und die Rettungscrew will prüfen, ob jemand unter den Schneemassen liegt.

Der Pilot kann nicht landen, die Hänge sind zu steil. Geisser und Nora müssen »schwebend« raus, das heißt: ins Freie springen, während der Pilot mit einer Kufe am Berg aufsetzt und versucht, sein Fluggerät im Gleichgewicht zu halten. Das ist ein riskantes Manöver, manchmal beträgt der Abstand zwischen den Rotorblättern und dem Gelände gerade noch fünfzig Zentimeter.

»Halt den Hund gut fest!«, ruft Geisser einem jungen Flughelfer zu, der mit ihnen im Hubschrauber sitzt, und drückt ihm Nora in den Arm. Er zeigt dem Mann noch, wie er die Hündin am Brustgeschirr greifen muss. Dann wirft er seine Ausrüstung in den Schnee. Blickt, bevor er selbst springt, den Piloten an, damit der vorbereitet ist und den Helikopter austariert, sobald Geisser von Bord geht.

Nun passiert das, was die Rettungsleute einen *Downwash* nennen: Die Rotorblätter wirbeln Unmengen Schnee auf, die winzigen Flocken erzeugen Reibung, laden den Flugkörper statisch auf. Als Geisser nach seinem Sprung wieder in die Kabine greift, um seinen Hund herauszuheben, durchfährt ihn ein heftiger elektrischer Schlag, der auch Nora trifft. Sie jault auf. Macht einen Satz rückwärts. Der Helfer hält sie nicht gut genug fest, sodass die Hündin durch die Kabine hopst und auf dem Pitch landet. Das ist der Hebel, mit dem der Pilot die Rotorblätter einstellt, sodass er aufsteigen oder sinken kann.

Wie ein Lift fährt der Helikopter in die Höhe. Der Pilot hat geistesgegenwärtig reagiert. Als die Hündin den Pitch trifft, fasst er nach dem Hebel und bringt sein Fluggerät sofort nach oben. Geisser wird von der Kufe am Kinn gestreift. Er kann mitansehen, wie der Pilot hoch in der Luft den Helikopter stabilisiert und langsam wieder zu Boden sinken lässt. Auch Nora hat die Nerven behalten. Sie sitzt ruhig im Arm des Flughelfers, ist unversehrt. Geisser schreit dem Mann gegen den Rotorenlärm zu: »Wirf sie raus!« Und dann noch einmal, weil der Helfer nicht gleich reagiert: »Wirf den Hund raus, los!«

Wie ein Gepäckstück segelt Nora durch die Luft, landet auf ihren Pfoten im Schnee. Geisser kann an ihren Augen ablesen, wie verdutzt sie ist. Kurz macht er sich Sorgen: Wird sie jetzt Angst haben wegen des Stromschlags, vielleicht nicht mehr fliegen wollen? Doch seine Rettungshündin schüttelt sich nur, blickt ihn an. Wartet auf sein Kommando, will das Lawinenfeld abgehen. Zusammen wandern sie über die Fläche, bis Nora anzeigt, dass es hier nichts zu suchen gibt. Sie nimmt keine Witterung auf, also ist hier auch niemand verschüttet worden. Sie können nach Hause fliegen. Der Pilot hat in einiger Entfernung einen Landeplatz gefunden. Nora lässt sich in die Kabine heben wie immer, zeigt keinerlei Scheu.

Gegen die Zeit

Am 9. April 2019 schlägt der Pager von René Geisser um die Mittagszeit Alarm. Es erscheint die Meldung von dem verschütteten Bergbauern. Der Polizist sitzt just in diesem Moment im Dienstwagen. Er wirft Sirene und Blaulicht an, jagt nach Hause, schnappt sich Nora. Besteigt mit ihr den Helikopter, der vor seinem Haus gelandet ist, fliegt zum Einsatzort. Bei Lawinenabgängen tickt unbarmherzig die Uhr. Bereits nach 35 Minuten leben nur noch zwei von zehn Verschütteten. Die anderen sind erstickt oder wurden vergiftet durch das Kohlendioxid, das sie ausgeatmet haben. Was bedeutet, dass den Suchhunden nur eine minimale Zeitspanne bleibt, um Menschen lebend zu finden. Meistens gelingt das nicht, dann bergen die Retter nur Tote. Schon der Flug zum Einsatzort verschlingt kostbare Minuten.

Karl Mattlis Chancen stehen nicht gut, das ist von Anfang an klar. Als das Suchteam eintrifft, liegt der Mann schon eine knappe halbe Stunde unter den Schneemassen. Er hat kein Lawinenverschüttetensuchgerät bei sich, kein LVS, das viele Tiefschneefahrerinnen und Tourengeher im Gepäck haben. Es sendet aus den Schneemassen heraus Signale, zeigt den Einsatzkräften, wo sie graben müssen. Im Klartext heißt das: Karl Mattli hat noch genau eine Chance, lebend geborgen zu werden, und diese Chance heißt Nora.

Geisser steht am Lawinenkegel und lässt sich von der Ärztin der Rettungsflugwacht über die Lage informieren. Das Rettungsteam stochert bereits mit Sondierstangen im Schnee. Nirgends ein Treffer. Das Feld, unter dem der Verschüttete liegt, ist riesig. Aber das ist nicht der Grund, warum die dünnen, federnden Stangen nichts anzeigen. Sie sind 2,60 Meter lang, Mattli jedoch ist noch tiefer unter der Lawine begraben.

Nora, die neben René Geisser wartet, fängt auf einmal an, im Schnee zu scharren – direkt dort, wo sie steht. Das macht sie, sobald sie einen Menschen wittert. Aber ihr Scharren ist anders als sonst, eher zaghaft. Normalerweise buddelt sie wie entfesselt, wenn sie einen Verschütteten riecht. Dann beißt sie in den Schnee, ihre Läufe fliegen, ihr ganzer Körper drückt aus, dass sie jemanden in der Nase hat.

Was bedeutet dieses verhaltene Kratzen?

Manchmal wittert Nora Gegenstände, die von Menschen stammen, etwa die Spitze eines abgebrochenen Snowboards oder einen Schuh. Geisser sucht mit ihr die Fläche ab. Entfernt sich mit ihr, kehrt zurück. An genau derselben Stelle scharrt sie wieder. Doch die Sondierstangen, die sich gleich danach durch den Schnee bohren, zeigen weiterhin keinen Treffer an. Das heißt, sie federn nicht. Sie erzeugen nicht dieses ganz bestimmte Gefühl in den Händen eines Suchenden, wenn er sich durch den Schnee tastet und plötzlich auf einen Körper stößt.

Mittlerweile ist ein zweites Hund-Mensch-Team eingetroffen. Geisser fordert den anderen Suchhund an. Und tatsächlich nimmt auch dieses Tier Witterung auf. Signalisiert, dass dort, wo Nora im Schnee scharrt, etwas ist. Dass dort vielleicht doch ein Mensch liegen könnte.

»Grabmannschaft!«, ruft Geisser.

Mehrere Einsatzhelfer rennen herbei. Tragen mit energischen Schaufelbewegungen den Schnee ab. Je tiefer sie vordringen, desto aufgeregter wird Nora. Sie bellt, stößt ihre Schnauze in den Schnee. Und da, endlich, gibt es auch einen Treffer mit der Sondierstange: Sie federt zurück.

Karl Mattli ist nicht mehr ansprechbar, als er aus seiner drei Meter tiefen Schneegruft geborgen wird. Er ist stark unterkühlt, seine Körpertemperatur beträgt noch 35,1 Grad Celsius. Der Hubschrauber fliegt ihn in die Klinik nach Luzern, wo er aufgewärmt und versorgt wird. Schon am Abend desselben Tages sitzt der Bergbauer wieder zu Hause und trinkt ein Glas Rotwein. Stößt darauf an, dass er mit knapper Not dem Tod entkommen ist. Nora hat den Verschütteten im letzten Moment gefunden. Nur zehn Minuten später, und die Crew hätte einen Leichnam ausgegraben.

Abschied vom Rettungsdienst

Nora bleibt bis ins hohe Alter im Einsatz. Es ist September 2023, als sie mit zwölfeinhalb Jahren pensioniert wird. Ihre Freundin Kira lebt da schon nicht mehr, dafür ist Nala bei den Geissers eingezogen. Auch sie ist eine schwarze Labradorhündin, die zum Rettungshund ausgebildet wird und bereits ihre ersten Sucheinsätze macht.

René Geisser kann spüren, wie schwer es seiner alten Hündin fällt, zu Hause zu bleiben, wenn er sich mit Nala zum Dienst bereitmacht. Sobald er den Rettungsrucksack packt, weicht sie nicht mehr von seiner Seite, blickt ihn unverwandt an. Nimm mich mit, sagt ihr Blick. Er muss ihr dann über den Kopf streicheln und sagen: Heute nicht. Doch so oft es geht, darf Nora ihn zum Training begleiten. Dann trifft die große alte Dame des Engelberger Rettungsdienstes auf die anderen Hunde aus der Crew, die sie alle noch kennt. Fast so, als ginge es zum Klassentreffen. Gegen Ende des Trainings darf sie auch noch etwas suchen, eine Wurst oder einen Handschuh. Und dem Nachwuchs zeigen, wie man das so macht mit einer unfehlbaren Nase.

Bobbie
Der Wunderhund

1923 durchquert ein verloren gegangener Hund die USA von Ost nach West und legt dabei mehr als 4000 Kilometer zurück. Er will nur eines: sein Zuhause wiederfinden.

Mary Elizabeth Smith sitzt morgens um neun Uhr bei ihrer Nachbarin am Küchentisch, um mit ihr Tee zu trinken. Es ist Ende Januar 1924 in Portland, Oregon. Draußen ist es klirrend kalt. Zwar bullert der Ofen aus Leibeskräften, doch durch die Fensterritzen pfeift es empfindlich herein. Mary Smith legt ihre Hände um die Teetasse, will ihre Finger wärmen. Da hört sie von draußen einen Schrei: »Hau ab, du Biest!«

Es ist die Stimme ihrer Nachbarin. Die ist vor die Tür getreten, um die Zeitung ins Haus zu holen. Was sich da genau auf dem Treppenabsatz abspielt, kann Mary Smith, eine weißhaarige Witwe, von ihrem Platz aus nicht erkennen. Sie sieht nur durchs Fenster, wie ein Besenstiel durch die Luft fährt. Irgendetwas wird da offenbar verscheucht. Dann schlägt die Tür zu, die Nachbarin kommt schnaufend in die Küche und sagt: »So ein zerlumpter Straßenköter, das hat mir noch gefehlt. Wo sind die Hundefänger, wenn man sie mal braucht?«

Und tatsächlich: Mary sieht jetzt, wie sich ein erbarmungswürdiges Geschöpf in Richtung Gartentor schleppt. Es schleift einen Strick hinter sich her. Das soll ein Hund sein? Es ähnelt eher einem Wischmopp, der sämtlichen Dreck von Portlands Straßen in sich aufgenommen hat.

Noch bevor sie nachdenken kann, ist Mary Smith an der Tür. Sie eilt der Kreatur nach, die auf dem Weg zur Gartenpforte zusammengebrochen ist. Beugt sich hinab und sieht: Es ist ein Collie. Ein Hund, der dringend Hilfe braucht, andernfalls stirbt er in den nächsten Stunden. Die alte Dame kann nicht anders, sie greift in das nasse Fell, fühlt mit Erschrecken die spitzen Knochen des Tieres, seine schrundige, eiskalte Haut. Hilft ihm, so gut es geht, auf die Beine, fasst den Strick, der von seinem Hals baumelt, und führt den Hund langsam über die Straße in ihr eigenes Haus. Die Nachbarin ruft etwas in ihrem Rücken, aber das ist jetzt nicht wichtig.

Die Lebensretterin

In der Küche von Mary Smith liegt Bobbie auf einer Decke. Er blickt sie aus rot geäderten Augen an. Seltsamerweise will er nichts fressen, er hat nur ein paar Schlucke Wasser zu sich genommen. Dann fallen ihm die Augen zu. Mary kniet vor ihm, nimmt vorsichtig erst die eine Pfote, dann die andere in ihre Hand. Bobbies Ballen sind bis auf die Knochen abgewetzt und blutverkrustet, die Krallen kaum noch vorhanden. Der Hund muss große Schmerzen haben. Sie füllt warmes Wasser in eine Schüssel und wäscht behutsam das Blut von den Ballen. Trocknet sie ab und tupft ein bisschen Wundcreme auf das, was von ihnen noch übriggeblieben ist. Auch die Läufe sind dick geschwollen. Mary klaubt Zweige und Blätter aus dem Fell, säubert und bürstet es. Löst den Strick vom Hals des Hundes. Doch vor allem sitzt sie bei ihm auf der Decke, streichelt ihn mit sanften Fingern. Murmelt Kosenamen und lässt den Hund durch seinen erschöpften Schlaf hindurch spüren, dass er in Sicherheit ist. Dass er sich ausruhen darf, solange er will. Und dass sie alles tun wird, was sie kann, damit er am Leben bleibt.

Marys Haus befindet sich in der 75. Straße im Osten von Portland. Es ist nur noch einen Katzensprung entfernt von Bobbies Heim in Silverton, das etwa siebzig Kilometer weiter südlich liegt. Doch an diesem Tag ist es so knapp wie noch nie. Eine andere Tür, ein anderer Mensch, und Bobbies Reise wäre zu Ende gewesen, kurz vor dem Ziel – nach mehr als 4000 Kilometern.

Er schläft viele Stunden lang, ohne sich zu bewegen. Sein Atem geht erst flach und wird dann immer tiefer. Mary Smith kann mitansehen, wie der Körper des Collies sich entspannt. Und wie er wieder zu Kräften kommt. Am Abend frisst er mit Heißhunger, was sie ihm hinstellt. Doch schon am nächsten Tag steht er an der Haustür, mit dem Kopf zur Klinke, trotz seiner wunden Ballen. »Bleib doch noch ein bisschen«, sagt Mary. »Du musst dich erholen.« Aber Bobbie will hinaus. Schweren Herzens öffnet sie die Tür und sieht dem Hund nach, wie er humpelnd und mit steifen Läufen die Stufen der Veranda hinuntersteigt. Wie er die Straße erreicht, dort erst einmal innehält, dann abbiegt und sich in Richtung Süden davonmacht. Sie schaut ihm so lange hinterher, bis er vollständig außer Sicht ist. Und selbst dann kann sie immer noch nicht ins Haus zurückkehren. Warum blieb er denn nicht? Er war zu Tode erschöpft. Er hätte es gut gehabt bei ihr.

Doch Bobbie kann nirgendwo bleiben, ganz gleich, wie freundlich man ihn auch behandelt. Er trifft auf seiner Reise viele Menschen, die ihm ein Zuhause anbieten. Die sehen, dass unter dem schmutzigen Fell ein junger Collie steckt, der ausnehmend gute Manieren hat. Wer den Streuner bei sich aufnimmt, füttert ihn mit Fleischstücken, Eiern und Brotsuppe, lässt ihn am Feuer schlafen, bringt ihn zum Tierarzt, wenn er fiebernd oder mit verletzten Läufen auf der Veranda liegt. Aber kaum geht es Bobbie wieder besser, fixiert er die Haustür, hebt seine Pfote, als bettele er darum, gehen zu dürfen. Und bricht auf, ohne sich noch einmal umzudrehen. Genau wie bei Mary Smith.

Aber wie kommt es überhaupt zu all dem? Hat Bobbie keine Familie? Oder eine, die sich nicht um ihn kümmert?

Ganz im Gegenteil.

Zu Hause in Silverton

Elizabeth und Frank Brazier leben mit ihren halbwüchsigen Töchtern Nova und Leona auf einer Hopfenfarm außerhalb von Silverton, einer Kleinstadt in Oregon. Sie haben ein paar Pferde und Kühe, die ihr Terrier Toodles nicht mehr in den Stall treiben kann, weil er dafür zu alt ist. Während Toodles nun entspannt auf der Veranda ruhen und seinen Lebensabend genießen darf, kauft Frank Brazier im Jahr 1921 einen neuen Hütehund, einen Colliewelpen für fünf Dollar. Sie nennen ihn Bobbie, weil er einen »bobtail« hat, einen angeborenen Stummelschwanz.

Der Kleine ist abenteuerlustig und furchtlos. Schon im Alter von zwei Monaten hopst er um die Pferde herum und will sie vorwärtstreiben. Dabei kommt er einem Huf zu nahe. Eines der Tiere keilt aus und verpasst dem Welpen eine Narbe über dem rechten Auge. Sie bleibt ihm für alle Zeiten.

Vor allem Nova, die jüngere Tochter, liebt diesen Hund. Sie bringt ihm Tricks bei und gutes Benehmen. Wenn er durch die Gegend streunt, jagt er Wildkaninchen und schwimmt mit den Nachbarskindern im Fluss. Bei der erbitterten Verfolgung eines Erdhörnchens bricht er sich zwei Vorderzähne ab, weil er sich durchs Erdreich beißt und dabei Wurzeln herausreißt. Eng an seinen Freund Toodles gekuschelt schläft er auf der Veranda und nimmt seinen Job als Viehtreiber ernst. Kurz: Er wächst als glücklicher Junghund auf bis zu dem Tag, an dem seine Familie beschließt, die Farm zu verkaufen. Sie wirft einfach zu wenig Geld ab.

Stattdessen wollen Frank und Elizabeth Brazier in Silverton ein Café betreiben. Auch einen Nachfolger für die Farm haben sie schon, es ist ein Freund der Familie. Doch was wird aus Bobbie? Toodles ist zu diesem Zeitpunkt bereits tot. Aber Bobbie mit seinen zweieinhalb Jahren ist jung und ein guter Hütehund. »Ich kann mir nicht vorstellen, dass er sich in der Stadt wohlfühlt«, sagt Frank eines Abends zu Elizabeth. »Er gehört aufs Land, er mag seinen Job.« Elizabeth hingegen denkt an Nova. Sie weiß, wie sehr ihre jüngere Tochter an Bobbie hängt. »Was ist das Beste für ihn?«, fragt Frank. Und dann ist es abgemacht. Die Braziers verkaufen ihren Hund an den Nachfolger, der einen Viehtreiber braucht.

Doch Bobbie lässt sich nicht so einfach weiterreichen. Mit dem neuen Halter kann er nichts anfangen. Stattdessen spurt er seiner alten Familie hinterher. Wie auch immer er es anstellt: Er findet heraus, wo die Braziers wohnen, und kreuzt dort regelmäßig auf. Rund 30 Kilometer läuft er dafür hin und zurück. Stets entlang am Silverton Creek. Das ist ein kleiner Fluss, der unweit der Hopfenfarm in Richtung Silverton fließt.

Dass Frank ihn immer wieder zurückbringt, dass sein neuer Halter ihn am Stall festbindet, hält Bobbie nicht auf. Dann baumelt eben ein Strick um seinen Hals, wenn er wieder vor dem Café auftaucht, durchbissen von einem mächtigen Willen. Schließlich haben die Braziers ein Einsehen. Eines Abends fährt Frank zur Farm hinaus, legt den dreifachen Preis auf den Tisch, den er für Bobbie bekommen hat, und nimmt den Hund im Auto mit. »Was machen wir bloß mit dir?«, fragt er unterwegs den Collie, der auf dem Rücksitz hockt und seine Nase in den Fahrtwind hält.

Franks Sorge ist unbegründet. Sein Hund hat beste Manieren und macht sich gut als Türsteher. Täglich sitzt er auf den Stufen zum Eingang und hebt die Pfote, wenn sich ein Gast nähert. Die Leute müssen jedes Mal lachen, wenn sie an ihm vorbei ins Café gehen. Weil er so hübsch aussieht mit den niedlich gekippten Ohren, dem wehenden Pelz und der lässig erhobenen Pfote zum Gruß.

»Schau dir diesen Hund an«, sagen sie zueinander.

»Ist er nicht hübsch?« – »Wie gut er erzogen ist!« – »Warum haben wir nicht so einen?«

Verschwunden

Am 6. August 1923 stehen Nova und Leona in ihren Schürzen vor dem Café und winken. Langsam rollt der Overland Red Bird an, ein Tourenwagen mit offenem Verdeck. Frank drückt auf die Hupe, sie klingt wie ein Horn. Neben ihm sitzt Elizabeth und streckt beide Arme aus, sie möchte ihre Töchter noch einmal an sich drücken. Es geht in den Osten der USA. Das ist einmal quer über den Kontinent. Die Braziers wollen nach Wolcott in Indiana, wo Elizabeths Verwandte leben. Insgesamt werden sie zwei Monate unterwegs sein und auf Campingplätzen übernachten, schon allein die Anreise dauert zehn Tage. Nova und Leona sind mittlerweile alt genug, um das Café allein zu führen.

Hinten auf der Rückbank zwischen all dem Gepäck sitzt ein aufgeregter Bobbie. Er streckt seine Nase ins Freie und hechelt. Nova laufen die Tränen übers Gesicht, als sie seinen Kopf streichelt und ihm immer wieder Küsse auf die Schnauze drückt.

»Sei nicht so albern«, zischt ihre Schwester.

»Gute Reise!«, ruft Nova, ruft Leona. Dann tuckert der Overland los.

»Gefällt's dir, Bobbie?«, lacht Elizabeth, als sie auf den Highway einbiegen und an Tempo zulegen. Sie streckt ihre Hand nach hinten und krault das Brustfell des Hundes.

Für Bobbie ist die Fahrt ein einziges Abenteuer. Wie fremd alles ist, welche Gerüche sich auftun! In den Pausen stromert er über unbekanntes Land. Er jagt Mäuse, schnüffelt Wildfährten hinterher, kehrt mit leuchtenden Augen zurück. Von seinem Platz auf der Rückbank blickt er über die Prärie, als sie durch Wyoming fahren. Noch nie in seinem Leben hat er wogendes

Gras gesehen, das bis zum Horizont reicht. Er riecht die Gebirgszüge, den strengen Duft der Nadelwälder in den Rocky Mountains. Er bewacht seine Leute auf den Campingplätzen und bellt, wenn ihm etwas verdächtig vorkommt. Einmal vertreibt er zwei obskure Gestalten, die sich dem Zelt der Braziers nähern. »Guter Hund«, sagt Frank immer wieder und gratuliert sich zu dem Entschluss, Bobbie mitzunehmen, trotz Novas heftigem Protest.

Es ist früh am Abend des 15. August, als sie bei Elizabeths Familie in Wolcott eintreffen. Während seine Frau ins Haus geht, Arm in Arm mit ihren Verwandten, will Frank noch rasch zur Tankstelle. »Komm mit, Junge«, sagt er zu Bobbie, der auf dem Trittbrett des Autos steht. Für eine kurze Fahrt ist es breit genug.

Nachdem Frank seinen Overland aufgetankt hat, geht er zum Bezahlen in den Laden. Bobbie schnüffelt draußen herum. Plötzlich hört er ein Knurren, in unmittelbarer Nähe. Im nächsten Moment sind sie da: vier Hunde, einer größer als der andere. Mit Drohen halten sie sich gar nicht erst auf, sie stürzen sich direkt auf Bobbie. Der stößt ein lautes Jaulen aus und jagt davon. Frank hat drinnen im Laden seinen Hund gehört und stürzt aus der Tür. Er kann gerade noch sehen, wie Bobbie in der Ferne verschwindet.

Noch ist Frank nicht allzu beunruhigt. Es kommt immer mal wieder vor, dass ortsansässige Hunde sich mit Bobbie anlegen und ihn vertreiben wollen. Frank weiß auch, wie kräftig sein Hund durch die vielen Streifzüge ist, die er zu Hause macht. Dass er sich gut orientieren kann. Er wird bald wieder auftauchen, so wie immer. Also setzt Frank sich ins Auto und fährt zum Haus seiner Familie. Der Hund weiß ja, wo das ist.

Aber Bobbie kehrt nicht zurück. Die Nacht bricht an, Frank und Elizabeth werden unruhig. Ihr Hund müsste längst wieder zurück sein. Kann es sein, dass er das Haus nicht findet? Und so setzt sich Frank in den Wagen und fährt durch die Straßen Wolcotts. Immer wieder drückt er auf die Hupe, das Signal zum Aufbruch, das Bobbie stets zuverlässig herbeigerufen hat. Nur diesmal nicht. Bis Mitternacht sucht Frank seinen Hund in der kleinen Stadt, fährt etliche Male zur Tankstelle, zurück zum Haus, durch die Nachbarstraßen, an den Ortseingang, auch ein paar Kilometer darüber hinaus, aber kein Bobbie, nirgends.

Auch nicht am nächsten Morgen. Die Braziers setzen jetzt alle Hebel in Bewegung, um ihren Hund wiederzubekommen. Sie lassen den Telefonoperator sämtliche Anschlüsse in der Nachbarschaft anrufen, ob jemand Bobbie gesehen hat. Sie schalten eine Anzeige im Lokalblatt, die ab sofort jeden Tag erscheint, insgesamt drei Wochen lang. Frank und Elizabeth bleiben in Indiana, fahren in der Gegend herum, einmal auch nach Ohio, dann kehren sie nach Wolcott zurück. Doch sie können Bobbie nicht finden. Es ist, als hätte es ihn nie gegeben.

Was in jener Nacht, als Bobbie verschwand, genau geschehen ist, lässt sich nicht mehr rekonstruieren. Wahrscheinlich hat die Hundemeute Bobbie aus der Stadt getrieben. Aber warum er nicht wieder zurückfand, warum er das Horn des Wagens nicht hörte und ihn auch niemand gesehen hat, bleibt rätselhaft. Lief er in seiner Panik so weit weg, dass er seine Orientierung verlor und immer weiter in die falsche Richtung rannte?

Es ist September und Bobbie seit mehr als einem Monat verschwunden, als die Braziers nach Oregon zurückfahren, ohne ihren Hund. Sie sind am Boden zerstört. Nicht nur, dass sie

Bobbie vermissen und sich riesige Sorgen um ihn machen, sie wissen auch nicht, wie sie Nova unter die Augen treten sollen. Die Bürgerinnen und Bürger in Wolcott jedenfalls sind im Bilde, was zu tun ist, sollte der Collie doch wieder auftauchen. *Egal, was es kostet: Bitte, bitte, bitte schicken Sie ihn nach Hause! Wir bezahlen alles!*

Kreise durch Indiana

Bobbie ist auf sich allein gestellt. Sobald er Hunger hat oder einen Unterschlupf braucht, sucht er Häuser auf und bettelt sich durch. Vor allem aber irrt er durch die Gegend. Erst Monate später wird man seine Route grob nachvollziehen können, anhand der Briefe von Menschen, die Bobbie bei sich aufgenommen haben und die später davon berichten. Eine seiner ersten Stationen ist Wolcottville. Das ist eine Stadt rund 200 Kilometer von Wolcott entfernt – aber im Nordosten, in der verkehrten Richtung, noch weiter weg von seinem Zuhause.

Dort in Wolcottville taucht er Wochen nach seinem Verschwinden vor dem Haus eines Handwerkers auf, kratzt an der Tür. Der Mann, der ihm öffnet, ist jung und tierlieb. »Wer bist du denn?«, fragt er und beugt sich zu dem Collie hinab, der ihm die Pfote gibt. Der Hund ist hungrig. Er verschlingt dankbar die Essensreste, die der Mann ihm hinstellt. Der sieht Bobbie beim Fressen zu und wundert sich: Das kann kein Streuner sein, dazu sieht er zu gepflegt aus, trotz des staubigen Fells. Auch trägt er ein dickes, ledernes Halsband von guter Qualität. Hat er vielleicht seine Leute verloren?

Mr. F. D. Fiundt, so heißt der junge Mann, richtet Bobbie einen Schlafplatz auf der Veranda ein. Nach ein paar Tagen ist er überzeugt, dass der Collie ihm zugelaufen ist. Der Hund frisst mit großem Appetit, fährt manchmal auf dem Trittbrett seines Autos mit und begrüßt ihn morgens auf der Veranda mit wild klopfender Rute. Die Nachbarskinder scharen sich um Mr. Fiundts neuen Hund. Sie stellen begeistert fest, dass er jede Menge Kommandos kann, er dreht sich sogar wie ein Zirkushund um die eigene Achse. Doch eine knappe Woche später hat sich Bobbie in Luft aufgelöst. Bei Tagesanbruch muss er weggelaufen sein, nur noch eine Mulde in seinem Schlaflager verrät, dass er da war.

Als Nächstes wird er in der Nähe von Indianapolis gesichtet. Diese Stadt liegt von Wolcottville aus etwa 250 Kilometer im Süden, wieder in ganz anderer Richtung. Bobbie wandert offenbar kreuz und quer durchs Land, ohne zu wissen, wohin. Eines Abends taucht er in Sichtweite eines Lagerfeuers auf, das ein paar obdachlose Männer entfacht haben. Sie sitzen am Ufer eines Flusses und sehen plötzlich, wie auf der anderen Seite ein junger Collie auftaucht. Er läuft unschlüssig am Wasser auf und ab, wirft sich unvermittelt hinein, schwimmt herüber zu ihnen, klettert die Böschung hoch und bleibt erschöpft liegen.

Die Männer helfen ihm ans Feuer, damit er sich aufwärmen kann.

»Hast du Hunger, Kleiner?«, fragt einer.

Sie teilen ihr Essen mit ihm, Eintopf und Cracker. Sie lassen ihn bei sich schlafen. Der Collie wirkt ausgezehrt und scheint dankbar zu sein, dass sich jemand um ihn kümmert. Immer wieder hält er den Männern seine Pfote hin oder drückt sich an sie. Aber auch hier bleibt er nur wenige Tage. Eines frühen Morgens steht er von seinem Nachtlager auf, schüttelt sein Fell. Trabt los und lässt die Männer hinter sich, ganz gleich, wie laut sie auch nach ihm rufen.

Er verschwindet im Nichts.

Wieder irrt er herum, wandert noch einmal nordwärts. Seine Route bis dahin beschreibt ein krummes Oval: von Wolcott als westlichstem Punkt nach Wolcottville im Nordosten, dann in südliche Richtung bis hinunter nach Indianapolis, gen Norden zurück, wo er in einem Feriencamp am Tippecanoe River aufkreuzt. Dort schlüpft er für kurze Zeit bei einer Urlauberin namens Mrs. Dudley unter, lässt sich aufpäppeln. Zieht weiter.

Doch dann geschieht etwas Merkwürdiges: Bobbies Route nimmt plötzlich Kontur an. Der Hund beginnt zielstrebig in Richtung Westen zu laufen, wo in weiter Ferne sein Zuhause liegt. Das zeigen im Nachhinein die Briefe der Leute, denen er unterwegs begegnet. Der Hund folgt nun unbeirrbar einem Kurs und weicht kaum noch davon ab. So als habe er sein Orientierungsvermögen wiedererlangt. Aus dem hilflosen Streuner wird ein Heimwärtswanderer mit klarem Ziel, und das heißt: gen Westen.

Er lässt den Bundesstaat Indiana hinter sich, durchquert Illinois. Taucht als Nächstes in Iowa auf. Bis nach Hause sind es noch mehr als 3000 Kilometer.

Irgendwo in Iowa

Es ist schon spät im Herbst, als Bobbie durch die Straßen von Vinton trottet. Das ist eine Kleinstadt in Iowa. Er ist müde. Er streicht an den Häusern entlang, auf der Suche nach einer Bleibe für die Nacht. Plötzlich hält er mitten in der Bewegung inne, steht wie festgefroren auf dem Bürgersteig, die Vorderpfote erhoben, mitten im Lauf. Er hört einen lang vermissten Klang. Und gleich darauf noch einmal.

Das Horn! Die blecherne Hupe des Overland, die Frank so oft hat aufheulen lassen, um seinen Hund zu rufen. Sie ist ganz in der Nähe. Sie ruft ihn! Das muss Frank sein! Bobbie rennt los, in riesigen Sätzen, biegt um eine Kurve – und da steht das Auto. Mit offenem Verdeck.

Bobbie setzt zu einem mächtigen Sprung an, landet auf dem Rücksitz des Wagens. Auf dem Schoß zweier kleiner Mädchen. Starrt in ihre fremden Gesichter. Vorn sitzen ein Mann und eine Frau, die aufschreien und zu begreifen versuchen, was da gerade passiert ist. Die Mädchen, auf denen Bobbie hockt, strecken ihre Arme nach dem Hund aus.

»Bobby, Bobby!«, rufen sie. Der Collie jault. Er wedelt heftig mit seiner Rute, leckt über die Hände der Kinder. »Er heißt Bobby, Mama!«, ruft eines der Mädchen begeistert. »Wie unser Hund!«

Mr. und Mrs. Patton schauen sich entgeistert an.

»Mama, Mama, Papa!«, rufen die Kinder, »dürfen wir ihn mitnehmen? Bitte! Bobby muss was zu essen haben, er ist so dünn.«

Die Eltern sind ratlos. Der Hund macht keine Anstalten, das Auto zu verlassen. Die Mädchen schlingen ihre Arme um ihn.

Mrs. Patton zuckt mit den Schultern und nickt, ihr Mann lässt den Overland anrollen, fährt nach Hause. Dort angekommen, hopsen die Mädchen strahlend aus dem Auto. Mit ihnen der fremde Hund.

Aber er frisst nicht. Den Napf mit dem Hundefutter lässt er stehen. Stattdessen läuft er durchs ganze Haus, von unten nach oben, von oben wieder nach unten, durchquert alle Zimmer. Streift anschließend im Garten herum, kommt ins Haus zurück. Noch immer ruhelos, mit erhobenem Kopf, als versuche er unentwegt, Witterung aufzunehmen.

»Er sucht etwas«, sagt Mr. Patton zu seiner Frau.

Aber wonach auch immer der fremde Hund Ausschau hält, er scheint es nicht zu finden. Schließlich macht er sich doch über den Napf her.

Monate später, nachdem er die Zeitung gelesen hat, setzt sich Mr. Patton an den Küchentisch und verfasst einen Brief an Frank und Elizabeth Brazier in Oregon. »Haben Sie einen Overland Bird mit einem Horn als Hupe?«, steht darin. »Uns ist ein Hund zugelaufen, der wohl Bobby hieß. Wir hatten auch einen Hund mit diesem Namen, aber der ist überfahren worden. Wie dem auch sei: Der Hund blieb nur eine Nacht bei uns, dann lief er weg. Vielleicht war es ja Ihrer?«

Das Basislager

Etwa 180 Kilometer weiter im Westen, am Stadtrand von Des Moines, schläft ein kleiner Junge auf einer Veranda. An einem der letzten milden Herbstabende will er noch einmal draußen übernachten. Seine Tante Ida stopft das Bettzeug um ihn herum fest und geht ins Haus, löscht die Außenlampe. Kurz darauf betritt ein magerer Hund die Veranda. Er stupst mit seiner Schnauze die Hand des Jungen an. Der erwacht, blickt in die Augen eines Collies, streichelt ihn schlaftrunken. Der Hund lässt sich zu Boden fallen und rollt sich zusammen. Fast sofort übermannt ihn der Schlaf. Und auch dem Kind fallen die Augen wieder zu.

Am frühen Morgen wird der Neuankömmling entdeckt: Ida Plum will ihren Neffen wecken und bleibt wie angewurzelt vor dem Hund stehen. Wie viele Menschen vor und nach ihr erkennt sie auf Anhieb, was zu tun ist. Das Tier ist klapperdürr, es muss dringend etwas in den Magen bekommen. Und so brät sie ihm als Erstes eine große Pfanne Eier.

Der Collie scheint ein Ausreißer zu sein oder er ist verloren gegangen, vermutet Ida. Das lederne Halsband verrät ihr, dass er ein Zuhause hat. Er frisst auch nicht wie ein Streuner, haltlos und gierig. Er hat Manieren, streckt ihr die Pfote hin, als wolle er sich für ihre Fürsorge bedanken. Auch bei Ida darf er bleiben. Er bekommt einen Schlafplatz auf der Veranda und reichlich zu essen.

Für Bobbie wird Ida Plums Haus eine Art Basislager. Sobald er sein Frühstück gefressen hat, wandert er zu einem nahegelegenen Campingplatz, wo Touristinnen und Touristen auf der Durchreise übernachten. Stunden später kehrt er zurück, bezieht seine Decke auf der Veranda, ruht sich aus. Genießt die Streicheleinheiten der Familie und dass man sich um ihn sorgt. Tag für Tag geht das so, einige Wochen lang: aufwachen, frühstücken, zum Campingplatz laufen, nach Stunden zurückkehren. Ida glaubt, dass der zugelaufene Hund dort seine Leute sucht, dass sie ihn auf diesem Platz verloren haben.

Doch eines Tages kehrt er nicht mehr zurück. Ida hat die Hoffnung schon fast aufgegeben, ihn je wiederzusehen, als er nach einer knappen Woche doch wieder auf der Veranda steht. Er hat etwas Gehetztes im Blick. Sein ledernes Halsband ist weg. Stattdessen trägt er eines aus Stoff, ein kurzer Strick hängt daran. Jemand muss den Collie festgebunden und ihm das edle Halsband weggenommen haben. Aber der Hund hat sich losgebissen und ist zurückgekehrt. Nach Hause, zu mir, glaubt Ida und ist tief gerührt. Sie legt die Arme um Bobbie und spürt, wie er am ganzen Leib zittert.

Am nächsten Tag läuft Bobbie los. Nicht zum Campingplatz, sondern in Richtung Westen, aus der Stadt hinaus. Ida Plum sieht ihn nie wieder. »Ich muss Ihnen nicht sagen«, schreibt sie später in ihrem Brief an die Braziers, »wie untröstlich wir waren, ihn zu verlieren. Aber ich hatte immer die große Hoffnung, dass er es doch noch schafft, seine eigenen Leute zu finden. Ich schicke Ihnen ein Foto, das die Narben in seinem Gesicht zeigt.«

Auf unbekannten Wegen

Am 30. November, einen Tag nach Thanksgiving, verlässt Bobbie das Haus von Ida Plum in Des Moines. Nur eine Woche später trabt er eine Auffahrt in Denver hoch. Denver liegt schon in Colorado, das ist rund 1000 Kilometer von Des Moines entfernt – zum Wandern innerhalb einer Woche viel zu weit. Vor allem für einen geschwächten Hund, der sich selbst versorgen muss. Diese Distanz lässt sich nur bewältigen, indem Bobbie sich an eine Ausfallstraße setzt und ein Auto anhält. Auf diese Weise muss er bis nach Denver gekommen sein.

Dort fährt Carrie Abbee gerade ihren Wagen in die Garage, als hinter ihr im Rückspiegel ein Collie auftaucht. Ihr Herz setzt für einen Moment aus. Vor wenigen Wochen starb ihr geliebter Hund – auch ein Collie – an Altersschwäche. Jetzt erscheint hinter ihr sein Ebenbild. Sie fährt herum, mit weit aufgerissenen Augen. Dann steigt sie aus dem Auto. Nähert sich Bobbie, nimmt seinen Kopf in ihre Hände, streichelt ihm über die Stirn. Er hat so müde Augen. Immer wieder fallen ihm die Lider zu, während sie ihn liebkost. Doch am nächsten Morgen, nach einem langen Nachtschlaf in einem weichen Bett, bricht Bobbie wieder auf. Er wartet noch nicht einmal ab, bis Carrie Abbee ihm ein Frühstück macht. »So gern«, schreibt sie später an die Braziers, »hätte ich ihn behalten.«

Ab hier verliert sich weitgehend Bobbies Spur. Für die lange Distanz zwischen Colorado und Oregon gibt es keine Augenzeugen mehr und keine weiteren Briefe.

Vor ihm liegen gigantische Hindernisse.

Er muss den breiten Gebirgszug der Rocky Mountains überwinden. Noch immer trennen ihn etwa 2000 Kilometer von seinem Zuhause in Silverton. Er kann kleine Tiere jagen und sich halbwegs selbst ernähren. Aber wo findet er Unterschlupf in den menschenleeren Weiten? Kommt er bei Schafhirten unter oder bei Jägern? Und wie schafft er es, den Wölfen auszuweichen? Es kursieren viele Geschichten – alle der Fantasie entsprungen –, in denen sich der Hund einem Wolfsrudel anschließt oder von einsamen Farmern aufgenommen wird. Tatsache aber ist: Niemand weiß es.

Zu allem Unglück bricht der härteste Winter der vergangenen Jahrzehnte an. Reihenweise frieren die Flüsse zu, auch die großen Ströme, die auf Bobbies Weg liegen. Die Zeitungen zeigen Fotos von Autos, die über Seen fahren, weil das Eis meterdick angewachsen ist.

In einer kleinen Stadt in Oregon, nicht weit von Bobbies Zuhause entfernt, wünscht sich ein Junge nur eines zu seinem neunten Geburtstag: »Bobbie soll heimkommen, gesund und unversehrt.« Es ist bereits kurz vor Weihnachten. Aber noch immer gibt es Menschen in und um Silverton, die an den Hund denken und sich fragen, was mit ihm passiert sein mag.

Die Braziers jedoch glauben nicht eine Sekunde daran, ihren Bobbie je wiederzusehen. Es ist viel zu viel Zeit verstrichen, um auf ein solches Wunder zu hoffen. Nova, Leona, Frank und Elizabeth wünschen sich nur noch, dass er ein gutes Heim gefunden hat. Dass er wohlauf ist.

Die letzte Etappe

Bobbie braucht für die Siebzig-Kilometer-Strecke von Mary Smiths Häuschen in Portland – wo er halbtot im Garten der Nachbarin erschien – bis zum Café der Braziers rund zwei Wochen. Er muss die letzte Etappe Schritt für Schritt zurücklegen und sich immer wieder hinlegen, um Kraft zu sammeln.

Niemand erkennt ihn.

Dabei ist er bereits in seiner Heimatstadt angekommen.

Es ist der 15. Februar 1924, auf den Tag genau sechs Monate nach seinem Verschwinden in Wolcott.

Bobbie kriecht mehr, als dass er läuft, über die Hauptstraße von Silverton. Die Passantinnen und Passanten weichen ihm beinahe angeekelt aus. Er hat keinerlei Ähnlichkeit mehr mit dem Collie auf den Stufen des Cafés, den sie alle so niedlich fanden. Und so erkennt ihn auch Nova nicht, die mit einer Freundin auf eben dieser Straße ihren Morgenspaziergang macht. Bis die Freundin abrupt stehenbleibt und sich mit einem Japsen in Novas Arm krallt. Sie bringt kein Wort hervor. Streckt nur die Hand aus und zeigt auf den Hund, der sich in einiger Entfernung vor ihnen auf das Pflaster gesetzt hat.

Nova blickt sorgenvoll auf das geschundene Tier. Gleich beginnt ihr Dienst im Café, aber der Hund dort vorn braucht offensichtlich Hilfe.

Da zieht die Freundin an ihrem Ärmel und sagt mit leiser Stimme: »Sag mal, ist das nicht dein Hund?«

Nova steht für einen Moment da wie erstarrt. Das ist nicht möglich, das weiß sie. Aber so, wie er sich bewegt, erinnert dieser Hund da vorn tatsächlich ein bisschen an Bobbie. Was für ein armer Kerl, denkt sie. Ich könnte etwas zu fressen für ihn holen, ein bisschen Zeit habe ich noch. Dann dreht der Streuner mit einem Mal seinen Kopf in ihre Richtung. Nova sieht den Abdruck über dem rechten Auge, den vor langer Zeit ein Pferdehuf hinterlassen hat. Und jetzt schreit sie, gellend, durch ihre Hände hindurch, die sie sich vor den Mund geschlagen hat: »Bobbie!«

Sie rennt auf den Hund zu, im fliegenden Lauf. Stößt gegen Passanten, die Freundin im Schlepptau. Der Hund steht unsicher auf seinen Beinen, blickt ihr entgegen. Sie fällt vor ihm auf die Knie. Nimmt seinen Kopf hoch. Da ist sie, die Narbe. Sie starrt ihrem Collie ins Gesicht, der versucht, ihr mit der Zunge über die Nase zu fahren. In seinem Unterkiefer stecken zwei abgebrochene kleine Zähne. Sie hört das Winseln, das tief aus seiner Kehle kommt. Es ist nicht zu glauben. Ich träume, denkt Nova. Das muss ein Traum sein, gleich werde ich aufwachen und den ganzen Tag nicht mehr aufhören zu weinen.

Mitten auf dem Gehsteig liegen eine junge Frau und ein schmutziger Hund, eng aneinandergedrückt. Das Mädchen heult in lauten Schluchzern, und auch der Hund gibt seltsame Töne von sich. Novas Freundin versucht, die beiden von den Passanten abzuschirmen. Aber das ist nicht nötig, die schlagen schon von selbst einen Bogen um dieses Duo, das offenbar völlig von Sinnen ist.

Auch Frank Brazier schreit, als Bobbie kurz darauf im oberen Stockwerk des Cafés auftaucht. Frank liegt noch im Bett. Er hat die halbe Nacht lang über der Buchhaltung gesessen und holt jetzt Schlaf nach. Da landen zwei schmutzige Pfoten auf seinem Brustkorb. Frank hält den jaulenden Hund, der in der nächsten Sekunde auf ihm liegt und ihm ungestüm das Gesicht ableckt, ebenfalls für einen Traum. Doch Nova steht mit verheulten Augen in der Tür.

»Papa«, sagt sie. »Es ist wirklich Bobbie. Bobbie ist wieder da.«

Der Hund wird in den nächsten Tagen nichts anderes tun als neben Franks Bett zu schlafen und dicke Lendensteaks zu fressen, sobald er ein Auge öffnet. Das Fleisch muss jetzt roh sein. Offenbar hat Bobbie sich auf den letzten Etappen von selbst erlegten Tieren ernährt. Immer wieder muss er sich auf den Rücken rollen, um seine schmerzenden Beine zu entlasten. Dann streckt er die Ballen in die Luft, die ihn quer durch die Vereinigten Staaten getragen haben und die nun völlig zerfetzt sind.

Der Wunderhund

Bobbies Heimkehr zieht einen unfassbaren Tumult nach sich. Landauf, landab berichten die Zeitungen über den »Wunderhund«. Bald treffen immer mehr Briefe bei den Braziers ein. Geschrieben von Menschen, die dem Hund unterwegs geholfen haben und die nun wissen wollen, ob ihr Gast tatsächlich *dieser Bobbie* war. Wer die genaue Adresse der Braziers nicht kennt, schreibt auf den Umschlag einfach »An Bobbie, den Wunderhund« und kann sicher sein, dass das Schreiben bei den Braziers ankommt. Doch nur bei Briefen bleibt es nicht. Zehntausende Neugierige wollen den Wunderhund sehen und pilgern nach Silverton. Die Braziers müssen einen Zaun um ihr Grundstück ziehen, damit Bobbie nicht täglich von Tausenden Händen gestreichelt wird. Nur eine weißhaarige Dame darf den Garten betreten, nachdem sie Frank Brazier ihren Namen gesagt hat. Bobbie, der im Schatten seiner riesigen Hundehütte liegt, die ihm ein Zimmermann aus Silverton gebaut hat, erkennt Mary Elizabeth Smith auf Anhieb. Seine Ohren fliegen hoch, als er auf sie zurennt und ihr winselnd die Hände leckt. Mary drückt den Collie sanft an sich, so wie sie es vor Wochen getan hat, in ihrer Küche in Portland. »Mein tapferer Junge«, flüstert sie in sein Fell, »du hast es tatsächlich geschafft.«

Lucca

An vorderster Front

Lucca ist ein Kampfmittelspürhund im Dienst der US-Streitkräfte. Während ihrer Einsätze im Irak und in Afghanistan entdeckt sie mehr als 400 Sprengstofffallen, rettet so Tausenden Soldatinnen und Soldaten das Leben. Bis sie selbst schwer verwundet wird – und als Veteranin weitermacht.

Sie ist der einzige Hund im Ausbildungscamp, der nicht bellt. Die anderen machen einen Höllenradau in ihren Zwingern, toben herum, kläffen und werfen sich gegen die Türen ihrer Gehege. Aber diese Hündin sitzt nur da, legt den Kopf schief. Sie blickt den Mann an, der gerade dabei ist, ihre Zwingertür zu öffnen: ein Hüne mit breiten Schultern und ohne Haare auf dem Kopf. Als er auf sie zukommt, beginnt sie zu wedeln. Er hält inne, geht vor ihr in die Knie. Sagt mit weicher Stimme ihren Namen: »Lucca.«

Die Mischlingshündin – ein Teil Malinois, ein Teil Deutscher Schäferhund – schnuppert an den Hosen des fremden Mannes. Er legt ihr seine Hand auf den Kopf, genau zwischen die riesigen, spitz zulaufenden Ohren. Fährt mit dem Finger über die schwarze Raute auf ihrer Stirn. Darunter sitzen zwei knubbelige Augenbrauen, die dem Hundegesicht etwas Gedankenvolles verleihen und auch etwas Würdevolles.

»Wie schlau sie aussieht«, denkt Chris Willingham, als er in die schimmernden, goldbraunen Augen seiner Hündin blickt. Der 27-Jährige ist Sergeant beim United States Marine Corps, führt und trainiert Sprengstoffspürhunde, die in Kriegsgebieten zum Einsatz kommen. Lucca ist ab sofort seine neue Gefährtin, so hat es seine Dienststelle bestimmt. Sie soll mit ihm in den Irak, um dort nach Sprengstofffallen zu suchen. Selbst gebastelte Bomben (sogenannte *improvised explosive devices*, kurz IEDs) gelten als die Todesursache Nummer eins für Streitkräfte, die im Irak und in Afghanistan stationiert sind. Am wirkungsvollsten schützt sie ein Suchhund mit einem fähigen Hundeführer an seiner Seite. Ein solches Team ist die Lebensversicherung der Soldatinnen und Soldaten.

Dabei kann Lucca noch nicht mal auf Kommando Sitz und Platz machen, obwohl sie schon zwei Jahre alt ist. Sie ist untrainiert, genau wie die anderen Hunde im Ausbildungscamp. Das US-Militär nennt sie »Rohdiamanten«. Erst die späteren Hundeführer sollen ihre Ausbildung übernehmen. Es liegt jetzt also an Chris Willingham, Lucca alles beizubringen, was ein Kampfmittelspürhund können muss. Und das bedeutet: ganz von vorn anfangen.

Lucca Kilo 458

In den kommenden Wochen fühlt sich der Sergeant, als hätte er Ferien. Er muss nichts weiter tun, als eng mit Lucca zusammenzuwachsen. Für ihn ist es Liebe auf den ersten Blick. Die Hündin ist eine starke Persönlichkeit, ihre Zuneigung muss er sich erarbeiten. Täglich trainieren sie die Grundkommandos, spielen mit dem Kong, einem Hartgummiball, den Lucca über alles liebt, und jagen sich gegenseitig durch das Ausbildungscamp. Um ihre Bindung zu stärken, füttert er sie aus der Hand, bürstet und streichelt ihr rotbraunes Fell, spricht mit ihr wie mit einem Menschen. Denn Bindung ist alles. Im Ernstfall wird sein Leben von ihrem abhängen und umgekehrt. Als ein Kollege seinen Spürhund mit den Worten vorstellt, »das ist mein Sohn«, gibt es unter den Hundeführern keinen, der lacht.

Lucca Kilo 458, so ihr vollständiger militärischer Name, trainiert acht Monate lang mit Willingham an ihrer Seite. Sie lernt, ohne Leine zu arbeiten. Bei einer Patrouille läuft sie manchmal Hunderte Meter vorneweg, sucht den Boden nach Spuren von Sprengstoff ab, schnuppert an Gegenständen, dringt in Gebäude ein. Willingham dirigiert sie per Handzeichen oder über ein Funkgerät, das an ihrem Geschirr befestigt ist. »Voran«, sagt er, wenn sie geradeaus gehen soll. »Nach links«, »nach rechts«, wenn es abseits des Weges etwas zu durchsuchen gibt, etwa einen Heuhaufen oder ein geparktes Auto. Sobald Lucca den Geruch einer Sprengladung in der Nase hat, arbeitet sie ohne Willingham weiter. Der Sergeant kann dann mit dem Fernglas verfolgen, wie sie intensiv schnüffelt, sich schrittweise vorwärtsarbeitet, um der Quelle des Geruchs näherzukommen – so lange, bis sie sie entdeckt hat. Dann setzt sie sich hin, blickt hinüber zu Willingham und wedelt.

Ihre Prüfung schließt sie als Klassenbeste ab. Nicht nur, weil sie methodisch vorgeht und sich Zeit für die Suche nimmt. Sondern weil sie von selbst weiß, was sie tun muss. Andere Hunde brauchen die Anweisungen ihrer Partner, ihre Handzeichen, ihre Kommandos. Lucca kann das von allein.

Im Irak

Im Stützpunkt Falcon Base, südlich von Bagdad, bewohnen Lucca und Willingham ein spartanisch eingerichtetes Zelt, teilen es mit einem zweiten Suchteam. Die Männer übernachten auf Feldbetten, ihre Hunde liegen neben ihnen auf Decken. Im Schlaf kann Willingham Luccas Fell berühren.

Regelmäßig patrouillieren sie auf staubigen Landstraßen. Lucca findet Waffenverstecke in leer stehenden Häusern. Oder sie überprüft eine Kreuzung, bevor ein Militärkonvoi dort entlangrollt. Willingham dirigiert sie per Funk zu Stellen, die ihm verdächtig vorkommen.

Diese Mauer zum Beispiel, die eine holprige, von Trümmern übersäte Landstraße säumt. Lucca spurt allein auf das Bauwerk zu. Hinter ihr, in einiger Entfernung, wartet eine Fahrzeugkolonne darauf, dass die Hündin grünes Licht für die Weiterfahrt gibt. Mit wachsender Sorge beobachtet Willingham, wie Lucca ihre Schritte beschleunigt, während ihre Nase am Boden klebt. Sie hat was, denkt er. Im nächsten Moment schon verharrt sie, blickt zu Boden, wedelt heftig. Hebt den Kopf, sieht ihren Hundeführer an. Der ruft sie sofort zurück, noch bevor sie sich hinsetzen kann. Gibt dem Zugführer durch, dass Lucca etwas angezeigt hat.

Aus sicherer Entfernung lassen die Techniker des Konvois Wasser auf die Straße niederprasseln. Die Bombe geht sofort hoch, im Bruchteil einer Sekunde. Sie reißt einen gewaltigen Krater in die Mitte der Straße – nur wenige Handbreit von der Stelle entfernt, an der Lucca sich gerade noch bewegt hat. Sie hätte draufgehen können, denkt Willingham voller Entsetzen. Normalerweise verdrängt er, dass seine Hündin an vorderster Front steht und bei jedem Einsatz sterben kann. Doch in manchen Momenten, und dieser gehört dazu, versagt sein innerer Schutz. Der Zugführer klopft ihm von hinten auf die Schulter, sagt: »Gute Arbeit, guter Hund.«

Und so geht es noch viele Male. Insgesamt wird Lucca während ihrer sechsjährigen Dienstzeit rund 400 Sprengstofffallen rechtzeitig entdecken. Mehr als 400-mal rettet sie Menschenleben und ihr eigenes gleich mit. Die Soldatinnen und Soldaten in den Stützpunkten nennen sie längst »Mama Lucca«. So als wäre sie eine Schutzheilige, die über ihr Leben wacht.

Dann, im März 2011, kommt der Tag der Trennung. Willingham braucht eine Pause vom Kriegsdienst und wechselt nach Finnland an die US-amerikanische Botschaft. Dorthin kann Lucca ihn nicht begleiten. Sie gehört der Armee und die verzichtet nicht auf einen ihrer besten Sprengstoffhunde. Was bedeutet: Willingham muss ihr einen neuen Partner suchen. Er fühlt sich furchtbar, als er ihr das sagt. Im Freien, auf einer sonnenbeschienenen Wiese. Sie sind aus dem Irak zurück, leben auf einem kalifornischen Stützpunkt. Den halben Tag sind sie durch die Berge gewandert, Lucca mit wippender Rute, ganz vertieft in die Gerüche ringsum. Jetzt liegt sie neben ihm im Gras. Kuschelt sich an ihn, hält die Augen geschlossen. Im gleichmäßigen Rhythmus ihres Atems heben und senken sich ihre Flanken. Nur ihre Ohren sind ganz bei ihm.

»Es ist nicht für immer, Lucca«, verspricht er ihr und legt die Hand auf ihr Fell. »Wenn du in Rente gehst, kommst du zu mir zurück. Dann wirst du mein Sofahund.«

Die letzte Bombe

Corporal Juan Rodriguez ist jung und als Hundeführer bestens ausgebildet. Er hat eine seltene Gabe: Er versteht intuitiv, was in Hunden vorgeht, führt sie sanft und souverän zugleich. Schon länger fördert Willingham den Corporal und lädt ihn zu Fortbildungskursen ein. An einem Märzmorgen greift der Sergeant zum Telefon. Fragt rundheraus den verblüfften Rodriguez, ob der sich vorstellen könne, Lucca zu führen.

Am anderen Ende der Leitung rührt sich für einen Moment lang gar nichts. Rodriguez versucht zu begreifen, was er da gerade gehört hat. Lucca, die Legende? Schließlich fängt er sich, sagt hastig mehrmals »ja, Sir«, »danke, Sir«. Eine größere Ehre ist kaum denkbar.

Um Lucca den Übergang zu erleichtern, trainieren die Männer mit ihr gemeinsam. Jeden Tag zieht sich Willingham ein bisschen früher zurück. Es dauert eine Weile, bis die Hündin aufhört, nach ihm zu suchen. Dann aber lässt sie sich ein auf die Arbeit mit Rodriguez. Dessen ruhige Art, sie zu führen, liegt ihr.

Als der Winter anbricht, ist das neue Suchteam einsatzbereit für Afghanistan, Lucca und Juan Rodriguez werden in der Provinz Helmand stationiert. Die Patrouillen, die sie dort machen, führen sie oft kilometerweit übers Land. Auch wenn sie längst eingespielt sind, staunt der Corporal immer noch über Luccas Können, unabhängig von ihm zu arbeiten. Wenn er sie zu einem Heuhaufen schickt – einem häufigen Versteck für Waffen –, weiß sie genau, was zu tun ist.

Sie weiß es auch am 23. März 2012.

Rodriguez und Lucca durchqueren ein brachliegendes Feld, ein Trupp Soldaten folgt ihnen in einigem Abstand. Sie vermeiden den Pfad, der mittig durch das Feld führt. Zu oft sind auf solchen Wegen IEDs vergraben. Es gibt vernichtende Sprengfallen, die Autos und Insassen in Stücke reißen, und es gibt schwach dimensionierte, die eher verwunden als töten sollen. Ihr Zweck ist vor allem Chaos. Manchmal liegen gleich mehrere IEDs dicht beieinander.

Lucca läuft zehn Meter voraus.

Der Corporal folgt ihr, checkt dabei aufmerksam die Umgebung, sucht nach Gefahrenanzeichen. Da sieht er, wie Lucca in Richtung des Pfades abbiegt. Wie sie die typischen Bewegungen macht, wenn sie eine Sprengfalle wittert: ihre Trippelschritte, die Nase fest am Boden. Und dann, tatsächlich, blickt sie zu ihm hinüber. Fund, sagen ihre Augen.

Als er sie ruft, kommt sie sofort. Rodriguez gibt seine Warnung an die nachfolgenden Soldaten durch. »Lucca hat was entdeckt, drüben am Weg.« Sie schlagen einen weiten Bogen um die kontaminierte Stelle. Die Hündin geht wieder voraus. Bis sie plötzlich innehält. Sie nimmt den Kopf nach unten, dreht sich zu Rodriguez um, läuft in seine Richtung, als es schwarz wird um sie.

Er kann sie nicht sehen in all dem Rauch, der um sie herum aufgestiegen ist. Instinktiv ist er beim Knall der Explosion zu Boden gegangen, hat sich die Arme über den Kopf gehalten. Nun erkennt er schemenhaft durch die sich verziehenden Schwaden, dass da ein Hund steht, Meter von ihm entfernt. Dass sie lebt.

»Lucca!« Er stürzt zu ihr, will sie hochnehmen, sie wegtragen. Weil das hier womöglich ein Minenfeld ist, Sprengkörper an Sprengkörper. Oder weil Heckenschützen gleich das Feuer eröffnen könnten. Da sieht er, wie stark sie blutet. In dicken Strömen fließt das Blut aus ihrem linken Vorderlauf. Die Pfote ist nicht mehr da.

Juan Rodriguez schlägt alles in den Wind, was er gelernt hat. Er verlässt nicht umgehend die Gefahrenzone, bringt sich nicht in Sicherheit. Denn wenn er das macht, verblutet sein Hund. Mit Lucca auf den Armen läuft er nur zu einer nahen Baumreihe, die ein wenig Schutz bietet. Legt seine Hündin auf den Boden, hört ihr Winseln. Reißt einen der Druckverbände aus dem Inneren seiner Jacke. Jeder Soldat trägt solche Verbände in mehrfacher Ausführung bei sich, sie sichern das Überleben auf einem Schlachtfeld. Was von ihrem Lauf noch übriggeblieben ist, verbindet er. Legt direkt einen zweiten Druckverband an.

Niemand eröffnet das Feuer, es folgen keine weiteren Detonationen. Stattdessen hört Rodriguez das sich rasch nähernde Flappen eines Helikopters. Der Kampfmittelspürhund Lucca Kilo 458 liegt zehn Minuten nach der Explosion einer kleineren IED im Bauch eines Armeehubschraubers, sediert durch eine Morphinspritze, die ihr ein Militärarzt verpasst hat. Sie wird zum nahen Stützpunkt geflogen, dort stabilisiert, dann weiter nach Kandahar in ein Krankenhaus gebracht, wo bereits ein

Tierärzteteam wartet. Lucca wird versorgt und behandelt wie ein menschliches Mitglied der Armee.

Seit der Explosion weicht Juan Rodriguez nicht einen Moment mehr von ihrer Seite. Er steht im Operationssaal, als die Ärzte ihr den Vorderlauf abnehmen. Er liegt halb in ihrer Box, in der sie nach dem Eingriff schläft, auch wenn er nur mit dem Oberkörper hineinpasst und seine Beine nach draußen ragen. Lucca soll spüren, dass er da ist, auch wenn sie nichts spürt.

Die Veteranin

Viele Hunde, wenn nicht sogar die meisten, kommen in bemerkenswerter Weise mit Veränderungen klar. Dass sie nur noch drei Beine hat, hindert Lucca nicht daran, laufen zu wollen, im Gras zu schnüffeln, aktiv am Leben teilzuhaben. Zwei Tage nach der Operation muss Rodriguez sie nicht mehr mit einer Schlaufe um den Bauch herum stützen. Sie hoppelt zwar ungelenk, macht aber unverdrossen einen Schritt nach dem anderen. Selbstständig, so wie sie es gewohnt ist.

Die Tage als Kampfmittelspürhund sind unwiderruflich vorbei. Dafür warten andere Aufgaben. Im Juli 2012 kehrt Lucca zu Chris Willingham zurück, der mit seiner Familie in Finnland lebt. Zusammen mit ihm besucht sie nun regelmäßig Kriegsveteranen, erst in Helsinki, später in den USA, als Willingham dort wieder für die Streitkräfte arbeitet. Sie trifft Soldaten, denen Gliedmaßen fehlen, so wie ihr. Menschen, die in Rollstühlen sitzen oder Prothesen tragen und die es lieben, einem kriegsversehrten Hund, der weiterhin sein Leben genießt, die verbliebene Pfote zu schütteln.

Im April 2016 erhält Mama Lucca die Dickin-Medaille der britischen Tierschutzorganisation PDSA (People's Dispensary for Sick Animals). Das ist die weltweit höchste Auszeichnung für Tiere im militärischen Einsatz. Als Lucca zwei Jahre später schwer an einem Tumor erkrankt, verbringen Juan Rodriguez und Chris Willingham gemeinsam mit ihr die letzten Tage. Sitzen mit ihr am Strand, den sie liebt, füttern sie mit Eiscreme, sprechen mit ihr wie mit einem Menschen.

»Niemals über dir, niemals unter dir, immer an deiner Seite«, schreiben sie am 21. Januar 2018 auf Facebook, als sie der Öffentlichkeit mitteilen, dass Mama Lucca die Seiten gewechselt hat.

Swansea Jack

Der Rettungsschwimmer von Wales

Eine ganze Stadt liebt diesen Hund und verlässt sich auf ihn. Wann immer jemand ins Wasser fällt – Jack ist zur Stelle und zieht den Verunglückten ans Ufer. Dabei ist der Retriever kein gelernter Rettungsschwimmer. Er hat sich das alles selbst beigebracht, anno 1931 in Swansea, Wales.

Dieser Hund ist die Pest. Seine Familie liebt ihn, aber so kann es nicht weitergehen. Wird Jack nicht lückenlos überwacht, büxt er aus, rast in den nahen Llewelyn-Park und geht auf Entenjagd. Dabei ist der Teich dort mit seinen vielen Wasservögeln eine Attraktion. An den Wochenenden flaniert halb Swansea durch den Park, strebt ans Wasser und erfreut sich an der stattlichen Entenpopulation. Die Kinder füttern die Vögel mit Körnern und Brot. Niemand will da durchlöcherte Hälse und zerbissene Kadaver sehen, die blutüberströmt am Ufer liegen.

Aber genau dafür sorgt Jack. Er ist ein Flat Coated Retriever, erst wenige Monate alt, und gehört der Familie Davies, die südlich des Parks wohnt. Der Hund nutzt jede Gelegenheit, um auszureißen und Schaden anzurichten. Schon dreimal stand der Parkwächter wutentbrannt vor der Tür der Davies'. Hielt ihnen einen toten Wasservogel ins Gesicht und schrie gellend, dass er den Hund beim nächsten Mal abknallen werde.

»Was sollen wir bloß machen?«, fragt Mrs. Davies ihren Mann. Die Familie hängt an Jack, besonders die Kinder. Aber sie kriegen den Hund nicht in den Griff. Und jetzt ist es nur noch eine Frage der Zeit, bis der Parkwächter Ernst macht.

»Wir müssen ihn weggeben«, sagt der Ehemann, Taulford Davies. »Er kann nicht den ganzen Tag an der Kette liegen.«

Unten am Hafen lebt ein Kutscher, von dem man weiß, dass er Hunde liebt. Manchmal kann man bei ihm Welpen kaufen. Er hält auch zwei Pferde in dem umgebauten Stall, der sein Zuhause ist. Der Mann ist gut bekannt in Swansea, weil er Waren ausfährt. Immer sitzt er elegant gekleidet, mit Weste und Jackett, auf seinem Kutschbock, die Haare trägt er akkurat gescheitelt. Er macht was her, obwohl er arm ist. Außerdem wohnt er direkt am North Dock, einem Seitenarm des Flusses Tawe. Dort legen die Schiffe an, der Hund wird sich da kaum ans Wasser wagen, um Enten zu reißen. Denn eigentlich – das ist ja das Skurrile – ist Jack wasserscheu. Er packt sich nur die Vögel, die am Ufer dösen und nicht rechtzeitig fliehen können. Bei William Thomas hätte er es sicher gut.

Kurz darauf, als der Kutscher in der Nachbarschaft wieder einmal seine Waren ausfährt, passt Taulford Davies ihn ab. Die beiden Männer werden sich schnell einig. Mit Kennerblick sieht Thomas, dass da ein Prachthund vor ihm steht. Jack hat ein wunderschönes, lackschwarzes Fell, eine buschige Rute und einen Charakterkopf mit aufmerksamen Augen. So ein Hund würde sich gut auf seiner Kutsche machen. Er könnte auf die Waren aufpassen, wenn Thomas vom Wagen absteigt.

Und wenn sie sonntags am Kai spazieren gehen, geben sie bestimmt ein schickes Paar ab. Als Davies seine Hand ausstreckt, schlägt der Kutscher ein, und Jack wechselt den Besitzer.

So beginnt 1931 eine eindrucksvolle Verwandlung: vom wasserscheuen Übeltäter in den Rettungsschwimmer von Swansea, auf den sich eine ganze Stadt verlässt. Bis zum heutigen Tag ist der Hund in seiner Heimat unvergessen. Dass William Thomas ihn damals aufnahm, hat nicht nur Swansea Jacks Leben gerettet, sondern auch das vieler Bürger der walisischen Stadt.

Auf die harte Tour

Die ersten Tage im neuen Heim beginnen vielversprechend. Jack liebt es, mit Thomas in der Kutsche zu fahren. Und da der Mann ein Händchen für Tiere hat, gelingt es ihm bald, aus Jack einen folgsamen Zeitgenossen zu machen. Der Hund reißt nicht mehr aus, sondern wartet brav, wenn der Kutscher Kisten ablädt und sie in die Häuser seiner Kundinnen und Kunden hineinträgt. Aber sobald die beiden am Fluss entlangschlendern, wundert sich Thomas, dass Jack nicht eine Pfote ins Wasser setzen mag, noch nicht mal an heißen Tagen. Dabei gilt diese Rasse doch als wasserverrückt. Wie kann da einer so aus der Art schlagen?

Oder hat er sich bei seinen Entenjagden mal zu tief ins Wasser gewagt und ist dabei fast ertrunken? William Thomas kann sich die Sache nicht erklären. Aber hinnehmen will er sie auch nicht. Das Leben am North Dock ist gefährlich. Jedes Jahr fallen hier Leute in den Fluss. Sie rutschen auf ihren Booten aus oder stürzen betrunken von den Piers. Wer nicht schwimmen kann, ertrinkt im Hafenbecken. Auch Jack könnte beim Toben ins Wasser fallen. Es ist also wichtig, dass er den Fluss kennt und sich ans Ufer retten kann. Doch wie soll man ihm das Schwimmen schmackhaft machen?

Zuerst versucht Thomas es mit dem Spieltrieb des Hundes. An den Piers plantschen dauernd Kinder im Fluss. Ein verspielter Junghund sollte dem Gejohle nicht lange widerstehen können. Immer wieder fordert Thomas ihn auf, zu den Badenden ins Wasser zu springen, feuert ihn an, lockt ihn, wirft Stöcke – aber es nützt nichts. Jack läuft maximal bis zur Kante der Kaimauer und bleibt dort stehen wie festgezurrt. Starrt ins Wasser, wo die Kinder nach ihm rufen und mit den Armen wedeln, und man kann sehen, wie es hinter seiner Stirn arbeitet. Aber er traut sich nicht.

Dann anders, denkt Thomas. Als Jack wieder einmal wild wedelnd an der Mauer verharrt, packt der Kutscher ihn von hinten an Kragen und Pelz und wirft ihn mit Schwung hinaus in den Tawe. Im Vertrauen darauf, dass jeder Hund von Natur aus schwimmen kann – wenn es sein muss. Jack geht unter wie ein Stein. Sofort kraulen ein paar der Kinder zu ihm, wollen ihn retten. Aber dann taucht er strampelnd wieder auf. Japst, hält sich über Wasser. Mit kräftigen Tritten seiner Läufe paddelt er an der Flusskante entlang und sucht nach einer flachen Stelle. An einer Biegung zieht sich der Tawe leicht zurück, gibt einen Uferstreifen frei. Dort steigt Jack aus dem Wasser, schüttelt sich, dass die Tropfen nach allen Seiten stieben, und jagt nach Hause, ohne sich noch einmal nach Thomas oder den Kindern umzudrehen.

Was ein Schock fürs Leben hätte werden können, bewirkt seltsamerweise das Gegenteil. Schon am nächsten Tag will Jack wieder hinunter zum Fluss. Er tapst erst mit den Pfoten hinein, dann prescht er durchs seichte Wasser, bis sein Fell vor Nässe trieft, läuft schließlich direkt in den Tawe, schwimmt ein paar Züge im Kreis. Kommt heraus, galoppiert erneut am Ufer auf und ab. Geht wieder schwimmen. Das Ganze wiederholt sich zu Thomas' Vergnügen mehrere Male. Bald fällt dem Mann auf, dass Jack sich immer weiter in die Mitte des Flusses hinauswagt. Das ist nicht ungefährlich, weil die Strömung dort zunimmt, was schon so manchen Schwimmer in Schwierigkeiten gebracht hat. Aber der Hund scheint sich mit dem Fluss messen zu wollen. Oder warum sonst paddelt er hinaus in die Strömung, lässt sich erst treiben und schwimmt dann gegen die Kraft des Wassers an? Immer wieder stockt Thomas der Atem. Erschrocken sieht er mit an, wie der Fluss seinen Hund packt, fortzieht, ihn strudelnd umhertreibt. Wie er ihm den Kopf unter Wasser drückt. Doch Jack strampelt sich frei und bringt sich in ruhigere Zonen. Steigt er dann endlich aus dem Fluss, klatscht Thomas in die Hände und ruft: »Gut gemacht, mein Junge!«

Der Hund hat nun ein neues Hobby, das er mit der gleichen Inbrunst betreibt wie früher die Entenjagd. Sobald der Kutscher am Abend die Pferde ausspannt, läuft Jack zum Fluss und geht schwimmen. Wie ein Arbeiter, der nach einem anstrengenden Tag ein paar Runden im Wasser dreht. Manchmal wirft Thomas ein paar Stöcke in den Tawe, die Jack mit seinem kräftigen Kiefer packt und am Ufer ablegt.

Aber im Wesentlichen sind es die Kinder, die dafür sorgen, dass aus Jack ein Muskelpaket wird. Immer wieder schwimmt eines weit hinaus, winkt mit den Armen und schreit: »Jack! Jack!« Dann kommt der Retriever zuverlässig herangepaddelt, als sei er eine Barkasse im Fährdienst, lässt zu, dass sich das Kind an sein Halsband klammert, und zieht es zurück ins flache Wasser.

Die ersten Einsätze

An einem Frühsommertag 1931 gellt ein Schrei über das North Dock, schrill und erschrocken. Gleich darauf schlagen Arme aufs Wasser. Eine Handvoll Kinder steht wie schockgefroren an der Kaimauer.

Im Fluss unter ihnen strampelt ein zwölfjähriger Junge um sein Leben. Er kann nicht schwimmen. Gerade hat er ein paar verfaulte Früchte von der Mauer aus ins Wasser werfen wollen. Da hörte er hinter sich seine Freunde rufen: »Gib das Zeug her!« Der Junge drehte sich um, verlor das Gleichgewicht und stürzte rücklings in den Tawe.

Jetzt schauen die Kinder reglos zu, wie er untergeht. Wie er sich noch einmal im Wasser aufbäumt und gleich wieder versinkt. Was dann passiert, kann niemand begreifen, weil alles so schnell geht. Ein schwarzer Pfeil schießt über den Kai. An der Mauerkante macht er einen Sprung, der ihn weit ins Wasser hinausträgt. Eine Fontäne spritzt auf, direkt an der Stelle, wo der Junge untergegangen ist. Nun ist dort auch der schwarze Pfeil verschwunden.

Sekunden später taucht ein Kopf aus den Fluten auf. Ein Maul mit gebleckten Zähnen hat den Jungen am Kragen gepackt. Es ist ein Hund, ein kraftvoller Hund, der mit seinen Läufen den Fluss durchpflügt. »Es ist Jack!«, ruft eines der Kinder am Ufer. Und tatsächlich, jetzt schwimmt der Retriever, den sie alle kennen, auf das Ufer zu. An einer sandigen Stelle schleift er den Jungen aus dem Wasser. Der kommt auf der Seite zu liegen und beginnt sofort zu husten. Speichel, Rotz und Flusswasser quellen ihm aus Mund und Nase. Seine Freunde springen von der Mauer, drängen sich um ihn. Helfen ihm, sich aufzurichten, und schlagen ihm unbeholfen auf den Rücken, damit er aushustet, was er im Tawe so alles verschluckt hat. Der Junge keucht. Im nächsten Moment beginnt er zu schluchzen. Er streckt die Arme nach Jack aus und vergräbt sein Gesicht im Pelz des Hundes.

Wenige Wochen später, am 8. Juli 1931, erscheint ein Foto von Jack in der *South Wales Daily Post*, gleich auf dem Titelblatt. Das Bild zeigt einen schlanken, durchtrainierten Hund. Hinter ihm steht William Thomas, stolz wie ein Fürst. Die Schlagzeile lautet:

Hund als Lebensretter

Aber die Zeitung meint gar nicht den zwölfjährigen Jungen, von dessen Rettung nur die Kinder wissen. Sie schreibt von einem Erwachsenen, der am Vortag beinahe ertrunken wäre. Und der sein Leben dem Umstand verdankt, dass Jack schon wieder rechtzeitig zur Stelle war.

Der Schwimmer kraulte bei den Piers im Wasser herum, als er plötzlich einen Krampf bekam. Von selbst schaffte er es nicht mehr ans Ufer. Er schrie laut um Hilfe, winkte mit den Armen, um die Menschen am Kai auf sich aufmerksam zu machen. Doch noch bevor jemand reagieren, ein Boot zu Wasser lassen oder selbst in den Fluss springen konnte, tauchte wie aus dem Nichts Jack auf, warf sich ins Hafenbecken und schwamm auf den Ertrinkenden zu. Der krallte sich mit letzter Kraft in Fell und Halsband. Vor den Augen einer fassungslosen Menschenmenge steuerte Jack die Ufertreppe an, den Mann im Schlepptau. Wer den beiden zusah, schlug sich die Hände vor den Mund. Konnte der Hund das schaffen? Sollte nicht irgendwer helfen? Was, wenn jetzt beide ertranken?

Aber Jack ging die Kraft nicht aus. Er erreichte die Treppe und wirkte noch nicht einmal erschöpft. Auf der Kaimauer brach Jubel aus, die Menge klatschte und pfiff. Es war die Geburtsstunde eines Rettungsschwimmers – in aller Öffentlichkeit.

In den kommenden Tagen erscheinen noch mehr Berichte über Jack. Nun hat sich auch herumgesprochen, dass er schon mal jemanden gerettet hat, den zwölfjährigen Jungen. Im Rathaus von Swansea wird für ein neues Hundehalsband gesammelt: Es besteht aus edlem, strapazierfähigem Leder und ist mit Silberbeschlägen verziert. Swansea ist dankbar.

Streithähne

Einmal auf Jack aufmerksam geworden, sind es nun die Zeitungen, die seinen Werdegang verfolgen und regelmäßig berichten, was sich da im Hafen von Swansea tut. Dass der Hund nur zufällig zur Stelle ist, sobald jemand in Not gerät, glaubt bald keiner mehr. Dafür zieht er zu viele Menschen aus dem Wasser: Auf den Schwimmer folgt ein Matrose aus Liverpool, der stocktrunken von der Gangway seines Schiffes kippt. Danach ein Kind, das in der Strömung des Tawe untergeht. Und schließlich sogar ein Mann, der William Thomas anpöbelt, eines Abends an den Piers.

Der Kutscher geht mit Jack spazieren, als sich ihnen plötzlich ein Unbekannter in den Weg stellt. Mit ausgestrecktem Finger zeigt er auf den Hund: »Nie im Leben«, sagt er und lacht, »kann dieser Köter Menschen retten! Das sind doch Märchen, die Sie den Leuten da auftischen!« Thomas steht reglos da. Er begreift erst gar nicht, wie ihm geschieht. Dann nimmt er den Kopf hoch. Wäre er ein besonnener Mann, könnte er den Pöbler einfach stehenlassen und weitergehen. Es gibt ja genug Zeugen für das, was Jack tut. Aber Thomas ist nicht besonnen, ihm gehen die Nerven durch. Dass jemand seinen Hund beleidigt, erträgt er nicht. Jack ist sein ganzer Stolz. Egal, welchen Pub er auch betritt, immer wird er warmherzig empfangen. Die Leute rufen: »Schaut mal, da ist Jack!« und freuen sich, wenn der Retriever ihnen reihum die Pfote gibt. Sein erstes Bier muss Thomas meistens nicht bezahlen. Selbst in den edlen Lokalen ist er gern gesehen. Dabei ist er doch nur ein einfacher Arbeiter. Aber er hat Jack, und Jack rettet Menschen. Manchmal sitzt sogar ein Vater im Pub, der sein Kind verloren hätte, gäbe es diesen Hund nicht.

Jetzt steht da dieser Fremde vor ihm und nennt ihn einen Lügner. Ein Wort gibt das andere. Es kommt zum Handgemenge. Jäh nimmt Thomas die Fäuste hoch, packt seinen Kontrahenten an den Jackenaufschlägen und schubst ihn vom Pier. Mit einem lauten Platsch landet der Mann im Wasser.

In der nächsten Sekunde springt Jack ihm hinterher. Bis ans Ufer hat er es nicht weit. Er schnappt nach dem Kragen des Mannes. Der wehrt sich, schlägt nach dem Hund. Aber er kann nicht schwimmen und versinkt im trüben Wasser. Als er wieder auftaucht, schreit er vor Angst. Lässt zu, dass Jack ihn packt und aus dem Fluss zieht. Minuten später sitzt der Mann wieder auf dem Trockenen, geschockt und unversehrt, nur sein Hut treibt hinaus ins Hafenbecken. William Thomas, zutiefst erschrocken über seine Tat, hilft dem Fremden auf die Beine. Der blickt hinab auf seinen triefenden Anzug und die patschnassen Schuhe. Kann Thomas nicht in die Augen sehen. Doch er murmelt eine Entschuldigung und reicht dem Kutscher die Hand. Dann gehen beide auseinander. Tropfnass der eine, betreten der andere.

Swanseas Stolz

Im August 1934 ist Jack erst vier Jahre alt, hat aber schon vierzehn Menschen vor dem Ertrinken gerettet. Er fährt kaum noch auf der Kutsche mit. Stattdessen macht er jeden Tag seinen Rundgang durch den Hafen und an den Piers entlang. Jack läuft buchstäblich Streife. Er scheint den Fluss zu überwachen und sich bereitzuhalten, falls ihn jemand da draußen braucht.

Die Leute nennen ihn jetzt »Swansea Jack«, so stolz sind sie auf ihren Rettungsschwimmer. Er ist zu ihrem Maskottchen geworden, mit dem sich Würdenträger fotografieren lassen. Wer auch immer Rang und Namen hat, bestellt einen Fotografen, legt dem Hund die Hand auf den Schädel und blickt mit hochgerecktem Kinn in die Kamera. Einladungen zu Wohltätigkeitsveranstaltungen und Festakten stapeln sich auf William Thomas' Tisch: »Bitte beehren Sie uns – MIT JACK!«

Dieser Tisch steht mittlerweile in einem Hotelzimmer und nicht mehr im umgebauten Stall am North Dock. Dabei ist William Thomas nicht über Nacht reich geworden. Er verbringt nur gern die Winterabende am Kamin des Victoria Hotels und trinkt dort seinen Tee. Mrs. Gordon, die Betreiberin, ist in Jack vernarrt und will den Hund dauernd um sich haben. Eines Abends, als ein eisiger Sturm an den Fensterläden rüttelt, macht Mrs. Gordon dem Kutscher ein Angebot, das zu gut ist, um es auszuschlagen: »Wenn Sie wollen, können Sie gern über Nacht bleiben. Wir haben genügend freie Zimmer.«

Aus dem einmaligen Angebot wird ein dauerhaftes. Herr und Hund ziehen in eines der gemütlichen Zimmer im Hotel. Morgens schlendert Thomas nach dem Frühstück in den Stall, spannt die Pferde an, geht seinem Tagwerk nach, während Jack am Fluss seine Runden dreht. Abends kehrt der Kutscher ins Hotel zurück und hilft immer häufiger in der Bar aus. Weil er unterhaltsam ist und gern das ein oder andere Lied singt, scharen sich die Gäste um ihn. Auch für Jack ist der Umzug ein Gewinn, hat er doch jetzt viele streichelnde Hände um sich. An den Freitagabenden waschen die Bardamen sein Fell und bürsten es, bis es glänzt.

Denn am Wochenende warten nun offizielle Verpflichtungen: Jack soll Stadtfeste eröffnen, Paraden und Umzüge anführen, während hinter ihm die Blaskapelle marschiert. Der Bürgermeister schreitet an seiner Seite, winkt hierhin und dorthin. Ein wohlhabender Bewohner von Swansea lässt ein gepolstertes Geschirr für den Hund anfertigen, mit Sammelbüchsen rechts und links. So kann er bei seinen vielen Auftritten gleich noch Spenden einsammeln. Mit anderen Worten: Jack hat reichlich zu tun.

Aber seine eigentliche Mission bleibt der Rettungsdienst. »Er macht das alles ganz allein. Nicht ein einziges Mal hat ihm jemand bei seinen Einsätzen geholfen«, erzählt William Thomas gern an der Bar des Victoria Hotels. Was nicht ganz stimmt. Immer wieder kommen Menschen zu Hilfe und nehmen Jack die Geretteten ab, tragen sie die Hafentreppe hoch oder waten ins Flachwasser, um ihnen aufzuhelfen. Was aber jeden verblüfft, ist die schiere Anzahl der Rettungseinsätze. Die Zeitungen zählen längst mit: Im September 1935 verdanken bereits 21 Personen ihr Leben diesem Hund, davon drei in nur neun Wochen.

Dass Jacks Ruf sogar bis nach London und Brighton dringt, dafür sorgen vor allem die Matrosen, die in Swansea anlegen. Ein Seemann, der nach einer ausgiebigen Zechtour ins Hafenbecken stürzt, hält den riesigen schwarzen Kopf, der vor ihm im Wasser auftaucht, zunächst für eine Erscheinung. Dass ihm ein Hund das Leben rettet, erschüttert den Mann zutiefst. »Wenn es im Himmel einen Platz für mich gibt«, sagt er nach seiner Rettung zu einem Zeitungsreporter, »möchte ich, dass Swansea Jack ihn bekommt.«

Aber es sind nicht nur die Menschen in Swansea, die sich auf ihren Rettungsschwimmer verlassen können.

Am New Cut

Wie immer am Morgen trabt Jack durch sein Reich am Tawe. Er beginnt mit seiner Patrouille am North Dock, streift an den Piers entlang bis zum Südende, kehrt wieder um und läuft die ganze Strecke zurück. Dann wechselt er hinüber zum New Cut. Das ist ein neu angelegter Kanal, der den North Dock vom Schiffsverkehr entlasten soll. Dieser Wasserlauf ist den Gezeiten unterworfen. Bei Ebbe liegt der schlammige Untergrund frei. Und das wird einem Cocker Spaniel zum Verhängnis.

Der kleine Hund streunt allein am Flussbett entlang. Vom breiten Strom ist nur noch ein Rinnsal übrig. Bei Ebbe kann man fast trockenen Fußes von einem Ufer zum anderen laufen. Oder besser gesagt: Man könnte, wenn der matschige Untergrund nicht so zäh wäre. Selbst ausgewachsene Männer versinken darin bis zu den Stiefelschäften und schaffen es nur mit Mühe, die Beine aus dem Schlamm zu ziehen. Dem Cocker gelingt das nicht. Gerade noch ist er in wilden Sätzen hinausgesprungen, in Richtung des Rinnsals. Jetzt versinkt er bis zum Bauch im Untergrund. Er kämpft verzweifelt gegen die Kraft an, die ihn festhält, bellt und wirft den Kopf herum. Aber am Ufer ist niemand, der seine Not sieht.

Dann kommt die Flut und sie kommt rasch. Das kalte Wasser strömt zurück ins Flussbett, umspült die Flanken des Cockers. Der Hund bellt sich heiser in seiner Panik. Schon schwappt ihm die Flut über den Rücken. In wenigen Minuten wird er nicht mehr zu sehen sein.

Wie um alles in der Welt kann Jack wissen, dass hier ein Artgenosse seine Hilfe braucht? Hat ihn seine Route nur zufällig vorbeigeführt? Oder gibt es einen Augenzeugen, der laut nach ihm ruft? Denn genau das passiert mittlerweile in Swansea, sobald ein Mensch ins Wasser fällt. »Jack!«, schreien die Leute dann, »Jack! Jack!« Und wenn von fern ein schwarzer Pfeil heranjagt, schreien sie noch lauter: »Jack, hierher!« Winken mit den Armen, zeigen ins Wasser, und der Hund tut seinen Dienst.

Nun rettet er den ertrinkenden Cocker. Er springt hinaus in das auflaufende Wasser, paddelt zu dem kleinen Hund. Er verbeißt sich in dessen Halsband und zieht mit Macht daran. Die Augen des Cockers sind weit aufgerissen, sein Retter schnürt ihm die Luft ab. Wieder strampelt er aus Leibeskräften, doch diesmal mit Erfolg. Der schlammige Untergrund gibt ihn frei. Wie ein Stück Treibholz zieht Jack den Hund durchs Wasser und bringt ihn in Sicherheit. Und auch das steht bald darauf in der Zeitung, im *Herald of Wales*, am 21. September 1935.

Noch im selben Monat erhält Swansea Jack für seine vielen Verdienste eine Bronzemedaille, verliehen von der Tierschutzorganisation National Canine Defence League. Die Medaille ist die höchste Auszeichnung für Tiere, die es zur damaligen Zeit gibt. Jack bekommt sie im Lauf seines Lebens sogar gleich zweimal überreicht – als einziger Hund überhaupt. Für insgesamt 27 gerettete Menschenleben und die zweier Hunde.

Goodbye, Jack

Im Oktober 1937 ist Jack sieben Jahre alt und eigentlich auf dem Zenit seiner Kraft. Doch seit ein paar Tagen schon fühlt er sich nicht wohl. Er geht nicht hinunter an den Fluss, er geht noch nicht mal ins Freie. Er will nur matt auf seiner Decke liegen. Weil William Thomas seinen Hund für stark und unverwundbar hält, ruft er den Tierarzt erst, als Jack Blut spuckt. Die Diagnose trifft den Mann wie ein Hammerschlag. Jack hat Rattengift gefressen. Er liegt im Sterben, und der Arzt kann nichts mehr für ihn tun.

Jacks Tod stürzt William Thomas in eine tiefe Depression. Er sitzt tagein, tagaus vor den vielen Fotos, Pokalen, Halsbändern, vor der Auszeichnung als »Hund des Jahres« und den beiden Bronzemedaillen. Ganz Swansea trauert mit ihm. Die Bürgerinnen und Bürger der Stadt wollen ihren Rettungshund an der Promenade beerdigen, sammeln für einen Gedenkstein. Als Jack zu Grabe getragen wird, kann die Promenade die Menschenmassen kaum fassen. Stunden später liegt Swansea Jacks Ruhestätte unter einem Meer aus Blumen.

Im Lauf der nächsten Jahrzehnte werden immer wieder skeptische Stimmen laut. In den Zeitungen kochen Diskussionen hoch, ob Jack tatsächlich ein Held war oder doch nur ein netter Schwindel. Mal wird ein Flusskapitän zitiert, der anzweifelt, dass damals so viele Menschen in den Tawe gefallen sein sollen. Ein anderer hält es für ausgeschlossen, dass Hunde zu solchen Taten imstande sind. Da erscheint im November 1966 ein Brief im *Daily Mirror*. Verfasst hat ihn ein John F. Griffiths aus Cwmbran, eine Autostunde von Swansea entfernt. Es treibe ihn an, die Zweifler ein für alle Male zum Schweigen zu bringen, schreibt der Mann. Und dann heißt es wörtlich:

»Ich war einer der Menschen, die Jack aus dem Hafenbecken gezogen hat. Als ich am 23. Dezember 1936 mit dem Fahrrad am

Dock entlangfuhr, verfing sich etwas in meinem Vorderreifen. Ich stürzte samt Rad ins Wasser. Aber Jack kam des Wegs und zog mich zu den Steintreppen am Ufer. Dort half mir sein Besitzer wieder auf die Beine. Jedes Mal, wenn ich in Swansea bin, gehe ich zu Jacks Gedenkstein und danke ihm.«

Die Quellen,

die Recherchen und (manchmal) die Geschichte hinter der Geschichte

Hier führe ich die Quellen auf, mit denen ich gearbeitet habe.

In einigen Fällen konnte ich mit den Partnern der Hundehelden persönlich sprechen, per Video-Call. Für diese Möglichkeit bin ich überaus dankbar. Es hat mir viel bedeutet, diese Menschen zu sehen, die mit einem Hundehelden gelebt haben oder dies immer noch tun. Dass sie mir so vertrauten und so offen waren, empfinde ich als großes Geschenk.

Bei den historischen Helden musste ich auf persönliche Gespräche verzichten, die meisten Hunde und ihre menschlichen Begleiter leben schon seit langer Zeit nicht mehr. Bei diesen Geschichten habe ich versucht, die Autorinnen und Autoren zu kontaktieren, die Bücher über diese Hunde verfasst haben. Oder ich habe Personen angeschrieben, die sich noch an die Tiere erinnern. Manchmal sind dadurch Geschichten hinter den Geschichten entstanden. Wenn ich sie teilen durfte, habe ich das getan.

Einleitung

Studien

Benz-Schwarzburg, Judith et al.: »How Dogs Perceive Humans and How Humans Should Treat Their Pet Dogs: Linking Cognition With Ethics«, Frontiers in Psychology, 2020, www.frontiersin.org/journals/psychology/articles/10.3389/fpsyg.2020.584037/full

Catala, Amélie et al.: »Dogs demonstrate perspective taking based on geometrical gaze following in a Guesser-Knower task«, Animal Cognition, 2017, https://link.springer.com/article/10.1007/s10071-017-1082-x

Kreier, Freda: »Dogs might have evolved to read your emotions«, Nature, 2024, www.nature.com/articles/d41586-024-02320-w

Lahtinen, Maria et al.: »Excess protein enabled dog domestication during severe Ice Age winters«, Nature Scientific Reports, 2021, www.nature.com/articles/s41598-020-78214-4

Pilley, John W.: »Border collie comprehends sentences containing a prepositional object, verb, and direct object«, Learning and Motivation 44(4): 229–240, 13. Mai 2013, www.sciencedirect.com/science/article/abs/pii/S002396901300026X?via%3Dihub

Turcsán, Borbála et al.: »Similarities and differences between dog–human and human–human relationships«, Nature, 2025, www.nature.com/articles/s41598-025-95515-8#auth-Borb_la-Turcs_n-Aff1-Aff2

I. Togo

Togos Schicksal trieb mich seit Langem um, weil er um seinen verdienten Ruhm gebracht wurde. Nicht er wurde zum Helden des »Serum Run to Nome« gekürt, sondern Balto, der Leithund der letzten Staffel. Kurioserweise gehörte auch dieser Hund einst zu Seppalas Gespann, doch der Musher hatte ihn aussortiert, weil er ihm zu langsam lief.

Meine wichtigste Quelle für Togos Geschichte war das herausragende Buch *The Cruelest Miles* der Autoren Gay und Laney Salisbury. Es beschreibt detailliert, wie Nome in den Zeiten des Goldrauschs aufblühte und wie unbarmherzig die Diphtherie in der Stadt wütete. Und auch, warum Alaska so abhängig von seinen Hunden war. Aber vor allem schildert es den gnadenlosen Staffellauf auf atemberaubende Weise.

Quellen

Salisbury, Gay und Laney: *The Cruelest Miles*, W. W. Norton & Company, 2003

Ungermann, Kenneth A.: *The Race to Nome*, Press North America, 1993

Online-Medien

Anchorage Daily News: »Togo was the true hero dog of the serum run; it's about time he got his due«, von David Reamer, Histories of Alaska, 2. März 2020, www.adn.com/alaska-life/2020/03/02/togo-was-the-true-hero-dog-of-the-serum-run-its-about-time-he-got-his-due/

Grunge: »The true story behind the 1925 Nome serum run«, von Natasha Lavender, 3. März 2021, www.grunge.com/346502/the-true-story-behind-the-1925-nome-serum-run/

LitSite Alaska: »The Serum Run of 1925«, von Jennifer Houdek, ohne Datumsangabe, www.litsitealaska.org/index.cfm?section=Digital%20Archives&page=Land%20Sea%20Air&cat=Dog%20Mushing&contentid=2559&viewpost=2

National Geographic: »When a deadly disease gripped an Alaskan town, a dog saved the day – but history hailed another«, von Si-

mon Ingram, 19. Mai 2020, www.nationalgeographic.com/premium/article/disease-alaska-serum-run-togo
Vault Magazine: »Doggone if, if they could do it…«, von L. Jon Wertheim, Februar 2021, https://vault.si.com/vault/2021/02/01/doggone-it-if-they-could-do-it

2. Roselle

Als ich dieses Buch plante, war von Anfang an ein Platz für Roselle reserviert. Dass diese Blindenführhündin dazu imstande war, ihren Halter durch den brennenden Nordturm des World Trade Centers zu lotsen, so ruhig und besonnen, wie sie es tat, kam mir vor wie ein Wunder. Ich las das Buch *Thunder Dog*, das Michael Hingson mit der Bestsellerautorin Susy Flory verfasst hat. Dann trafen wir uns per Zoom zum Gespräch. Dabei konnte ich nicht nur ihn sehen, sondern auch seinen derzeitigen Begleiter: den wunderschönen schwarzen Labrador Alamo.

Ich bin sehr froh, dass Mike Hingson der Erste war, mit dem ich sprach. Denn er hat mir, ohne es zu wissen, einen Kerngedanken mit auf den Weg gegeben, der sich nun durch dieses Buch zieht: Die heldenhafte Tat entsteht im Team. Es ist nicht der Hund allein, sondern das Duo aus Mensch und Hund, das gemeinsam große Taten hervorbringt – was sich auch in den meisten Geschichten dieses Buches zeigt (Ausnahmen gibt es, wie immer).

Quellen

Video-Call mit Michael Hingson am 25. Januar 2025
Michael Hingsons Website: https://michaelhingson.com/
PDSA: »Apollo, Roselle and Salty« – PDSA Dickin Medal, www.pdsa.org.uk/what-we-do/animal-awards-programme/pdsa-dickin-medal/apollo-roselle-and-salty

Hingson, Michael und Flory, Susy: *Thunder Dog*, Thomas Nelson Publishers, 2012

Video zu Omar Rivera und Salty auf der Facebook-Seite von Guiding Eyes for the Blind: www.facebook.com/GuidingEyes/videos/remembering-911-guide-dog-salty/10155670875129293/

Podcast

»This is love«, Episode 20: Roselle and Michael, https://thisislovepodcast.com/episode-20-roselle-and-michael/

3. Jo-Fi

Meine Recherchen zu Jo-Fi stützten sich vor allem auf Bücher. Das waren zum einen Sigmund Freuds eigene Schriften, darunter Briefe und Tagebuchnotizen, zum anderen Bücher über ihn, seinen Alltag und seinen Haushalt. Sehr dankbar bin ich Michael Molnar, dem ehemaligen Leiter des Londoner Freud-Museums, für seine ergänzende Arbeit an Freuds Tagebüchern. Ohne Molnar stünde darin am 9. März 1930 nur: »Jo-Fi angekommen.« Molnar hat die karge Info um eine gute halbe Seite erweitert.

Quellen

Berthelsen, Detlef: *Alltag bei Familie Freud: Die Erinnerungen der Paula Fichtl*, Hoffmann und Campe, 1987

Bonaparte, Marie: *Topsy – The Story of a Golden-Haired Chow*, Introduction, Transaction Publishers, 1994, https://web.english.upenn.edu/~cavitch/pdf-library/Bonaparte_Topsy.pdf

Christen, Jürgen: *Musen auf vier Pfoten: Schriftsteller und ihre Hunde*, Autorenhaus, 2008

Freud, Sigmund: *Die Schriften aus dem Nachlass*, Imago Publishing Co., London 1941

Freud, Sigmund: *Tagebuch 1929–1939, kürzeste Chronik*, hrsg. von Michael Molnar, Stroemfeld, 1996

Freud, Sigmund: *Briefe 1873–1939*, hrsg. von Ernst L. Freud, Fischer, 1960

Weissweiler, Eva: *Die Freuds – Biographie einer Familie*, KiWi, 2006

Online-Medien

Freud Museum London: »Freud at home with his dogs«, www.freud.org.uk/2020/04/15/freud-at-home-with-his-dogs/

Levinson, Boris M.: »The dog as a co-therapist«, University of Pennsylvania 1961, www.sas.upenn.edu/~cavitch/pdf-library/Levinson_Dog_as_Cotherapist.pdf

Psychology Today: »How Therapy Dogs Almost Never Came to Exist« von Stanley Coran, 11. Februar 2013, www.psychologytoday.com/us/blog/canine-corner/201302/how-therapy-dogs-almost-never-came-exist

View points in psychoanalysis: »Did Freud Go to the Dogs?«, Essay von Millicent Lambert, 2020, www.njinstitute.com/wp-content/uploads/2020/07/Viewpoints_-520.pdf

Werkblatt – Zeitschrift für Psychoanalyse und Gesellschaftskritik, Nr. 33: »In hündisch unwandelbarer Anhänglichkeit«, Vortrag von Michael Molnar, 2/1994, www.werkblatt.at/archiv/33_molnar.pdf

4. Bo

Von Bo, dem Bloodhound, erfuhr ich zuallererst über die Website der American Humane Society. Diese Organisation kürt alljährlich den US-amerikanischen Hundehelden, und Bo war der Gewinner des Jahres 2024. So einen jungen Helden – Bo war gerade mal anderthalb Jahre alt – hatten sie noch nie gehabt, teilte mir die Organisation per Mail mit. Ich las Zeitungsberichte über den Spürhund und sichtete Videos, die ihn bei der Nasenarbeit zeigten, zusammen mit seinem Partner, Sergeant David Rowland vom Gastonia Police Department in North Carolina. Um mit Rowland persönlich sprechen zu können, musste ich ein bisschen warten. Er litt an einer Kehlkopfentzündung, konnte nur mühsam reden und war kaum zu verstehen. Als er wieder bei Stimme war, trafen wir uns zum ausführlichen Gespräch per Video, und er erzählte mir Bos und seine Geschichte in allen Details.

Quellen

Video-Call mit David Rowland am 31. Januar 2025
Videos (auf der Website der American Humane Society):
www.americanhumane.org/what-we-do/champion-animals/hero-dog-awards/law-enforcement-and-first-responder-dogs/
www.americanhumane.org/what-we-do/champion-animals/hero-dog-awards/

Online-Medien

Food and Wine: »A Couple of Pizza Thieves Were Caught Red-Handed by Bo, a 10-Month-Old Bloodhound, Who Just Joined the Police Force«, von Jelisa Castrodale, 12. Januar 2024
www.foodandwine.com/pizza-thieves-thwarted-by-10-month-old-bloodhound-8425868
Gaston Gazette: »New police puppy captures alleged pizza thieves«, von Kara Fohner, ohne Datumsangabe, https://eu.gastongazette.com/story/news/crime/2024/01/11/new-police-puppy-captures-pizza-thieves/72154974007/
Gastonia Police Department, Pressemeldung: »Gastonia Police Dog ›Bo‹ Wins National Top Hero Dog Award«, www.gastonianc.gov/police-news-release/2132-gastonia-police-dog-bo-wins-national-top-hero-dog-award.html

Police Magazine: »K-9 Bo: The Bloodhound Who Became a Hero«, von Ronnie Wendt, 8. Januar 2025, www.policemag.com/special-units/article/15711592/k9-bo-the-bloodhound-who-became-a-hero

USA Today: »Bo the police K-9, who located child taken at knifepoint, wins Hero Dog Awards 2024«, von Anthony Robledo and Saman Shafiq, https://eu.usatoday.com/story/life/animalkind/2024/11/08/k9-bo-american-humane-2024-hero-dog-awards/76135078007/

5. Judy

Meine Hauptquelle für Judy war das großartige Buch des britischen Autors Damien Lewis, *Judy – a Dog in a Million.* Ihm ist es tatsächlich gelungen, noch Zeitzeugen ausfindig zu machen, die sich an Judy erinnern – und die ihm den Hund als das beschrieben, was später zum Titel seines Buches werden sollte: als der eine Hund unter einer Million. Ich nahm Kontakt zu Lewis auf und bat ihn um ein paar Zeilen zu seinem Werk. Er bedankte sich freundlich, lehnte aber aus privaten Gründen ab.

Quellen

Lewis, Damien: *Judy – a Dog in a Million*, Quercus, 2014

In diesem kurzen Video erzählt der Autor von seiner Recherche: www.youtube.com/watch?v=hDWb2WcWgS8

Long, David: »Jet the rescue dog and other extraordinary stories of animals in wartime«, Faber & Faber Children's, 2016

Online-Medien

Ministry of Defence UK: »Judy: The Dog who became a prisoner of war«, ohne Autorenangabe, 24. Juli 2015, www.gov.uk/government/news/judy-the-dog-who-became-a-prisoner-of-war#:~:text=Canine

National Military Working Dogs Memorial UK: »Meet Judy«, ohne Autorenangabe, https://nmwdm.org.uk/dogs/judy/

The National Archives: »Judy, the only dog registered as a prisoner of war«, ohne Autorenangabe, www.nationalarchives.gov.uk/explore-the-collection/stories/judy-the-only-dog-registered-as-a-prisoner-of-war/

PDSA-Website: »Judy«, www.pdsa.org.uk/what-we-do/animal-awards-programme/pdsa-dickin-medal/judy

Who do you think you are?: »›Animal VC‹ for Second World War POW dog discovered«, von Rosemary Collins, 20. Mai 2024, mit einer Aufnahme der Originalurkunde zur Verleihung der Dickin Medal an Judy, www.whodoyouthinkyouaremagazine.com/news/judy-dog-second-world-war-medal

6. Pickles

Pickles in meine persönliche Hall of Fame aufzunehmen war eine schwierige Entscheidung. Streng genommen war seine Tat im Vergleich zu denen der anderen Hunde nicht allzu heldenhaft. Er hat einfach nur getan, was er jeden Tag mit Inbrunst betrieb: den Katzen hinterherzuschnüffeln. Aber weil sein Zufallsfund eine so große Bedeutung für England hatte, einen irren Medienrummel auslöste, und weil die Geschichte insgesamt so kurios ist, fand Pickles dann doch seinen Platz bei den Hundehelden. Über ihn gibt es Zeitungs- und Magazinberichte in Hülle und Fülle. Hier sind die wichtigsten, die ich für meine Recherche genutzt habe.

Quellen

The Football History Podcast It Was What It Was: »Pickles finds the World Cup: The Story of Football's Most Famous Dog!«, von Jonathan Wilson und Rob Draper, 17. Dezember 2024, https://shows.acast.com/it-was-what-it-was/episodes/pickles-finds-the-world-cup-the-story-of-footballs-most-famo

Witness, BBC Sport: Sendung, in der David Corbett von Pickles' Fund erzählt: »How Pickles the dog found the World Cup trophy – 50 years on«, von Rob Stevens, 26. März 2016, www.bbc.com/sport/football/35872662

Online-Medien

The British Newspaper Archive/Blog: »Pickles the Dog – An Unlike Hero of the 1966 World Cup«, von Rose Staveley-Wadham, 17. Juli 2020, https://blog.britishnewspaperarchive.co.uk/2020/07/17/pickles-the-dog-1966-world-cup/

The Guardian: »World Cup theft: ›gangster and brother stole trophy in 1966‹«, ohne Autorenangabe, 24. Mai 2018, www.theguardian.com/uk-news/2018/may/24/world-cup-theft-gangster-and-brother-stole-trophy-in-1966

The Guardian: »World Cup stunning moments: Pickles the dog is a very good boy in 1966«, www.theguardian.com/football/blog/2018/mar/08/world-cup-stunning-moments-pickles-the-dog-is-a-very-good-boy-in-1966

Inside Fifa: »Pickles and the stolen World Cup«, 20. März 2020, ohne Autorenangabe, https://inside.fifa.com/en/news/pickles-and-the-stolen-world-cup-2771152

7. Red Dog

Die Geschichte dieses Wanderers ist in Australien ein Mythos bis zum heutigen Tag. Trotzdem gehörte diese Recherche zu den aufwendigsten überhaupt. Es existieren nur zwei Bücher über den Roten Hund. Eines davon stammt von Beverly Duckett und liegt bei der National Library of Australia. Dort kann man es als Online-Kopie bestellen, doch bis es schließlich bei mir eintraf, gingen Wochen ins Land. Auch das zweite Buch von Nancy Gillespie unternahm eine lange Reise, bevor ich es lesen konnte. Nancy Gillespie hat Red Dog noch persönlich erlebt, er hat sich bei ihr durchgeschnorrt. Doch bis ich Kontakt zu Nancy herstellen konnte, verging abermals Zeit. Währenddessen schrieb ich die Weltenwanderer Jenny und Daniel an, zwei Reise-Blogger, die in der Pilbara gewesen waren und dort zu Red Dog recherchiert hatten. Sie besaßen – irgendwo in der heimischen Familienbibliothek – Nancys Buch. Jennys Schwester Natascha fand es glücklicherweise und kopierte es für mich, trotz Prüfungsstress, wofür ich ihr sehr dankbar bin. Wenige Tage später klappte dann tatsächlich auch der Kontakt zu Nancy Gillespie, sodass ich ihr Buch über Red Dog ein zweites Mal bekam, diesmal als Printausgabe.

Quellen

Duckett, Beverly: *Red Dog – The Pilbara Wanderer*, ohne Verlagsangabe, 1993

Gillespie, Nancy: *Red Dog*, ohne Verlagsangabe, 1983. Neue Auflage 2011. Das Buch lässt sich über die Facebook-Seite der Autorin beziehen: www.facebook.com/p/Red-Dog-by-Nancy-Gillespie-100057230478548/

Gordon, Ruth: *It takes a dog to raise a village*, Willow Creek Press 2000

Historische Zeitungsberichte aus der National Library of Australia

Collections WA/City of Karratha Local History Archives: »Red Dog«, ohne Autorenangabe, https://collectionswa.net.au/items/a221bd91-e4d7-4d20-96d8-4b541b7ec0d1

Hamersley News, Langer Nachruf auf Red Dog: »Red Dog – the Pilbara Wanderer«, Donnerstag, 22. November 1979, ohne Autorenangabe, https://trove.nla.gov.au/newspaper/rendition/nla.news-article214548315.txt?print=true

Hamersley News, Bericht über den Bergbau in Australien: »The Mining Scene«, von Sir Maurice Mawby, Samstag, 1. April 1972, https://trove.nla.gov.au/newspaper/article/214542564

Blog

Die Weltenwanderer, Reiseblogger, »Auf den Spuren von Red Dog«, https://dieweltenwanderer.de/auf-den-spuren-von-red-dog/

8. Chaser

John W. Pilley hat ein Buch über Chaser und die Arbeit mit ihr verfasst, das mir als zentrale Quelle diente. Auch hinterließ er eine Menge Videos mit Übungen, die seine Forschung veranschaulichen. Da Pilley 2018 starb, konnte ich keinen Kontakt mehr zu ihm aufnehmen. Aber seine Familie führt sein Erbe weiter, zu verfolgen auf der Website »Chaser, the Border Collie«. Deb Pilley-Bianchi, John Pilleys jüngste Tochter, schrieb mir Folgendes über ihren Vater und Chaser, wofür ich ihr sehr dankbar bin:

»Es war mir eine Ehre, mit meinem Vater und Chaser im letzten Kapitel ihres Lebens zusammenarbeiten zu dürfen und nun ihr Vermächtnis fortzuführen. Ich habe von Chaser viel mehr gelernt als sie jemals von mir. Sie machte das Potenzial sichtbar, das in jedem Hund wohnt.

Es war der größte Wunsch meines Vaters, dass andere Forscherinnen und Forscher sich auf seine Schultern stellen und seine Pionierarbeit weiterentwickeln. Denn alle Hunde sind geborene Genies. Wenn wir das für ihr Lernen nutzen und darauf achten, was ihnen Freude macht, versetzen wir sie in die Lage, Großes zu vollbringen, und stärken gleichzeitig unser gemeinsames Band.

Mein Vater hat immer wieder gesagt, es gibt eine Grundvoraussetzung, wenn man mit einem Hund oder einem anderen Tier arbeiten will: Respektiere seinen Geist.«

Quellen

Pilley, John W. mit Hinzmann, Hilary: *Chaser: Unlocking the Genius of the Dog Who Knows a Thousand Words*, First Mariner Books Edition, 2014

Online-Medien

Website über Chaser mit einer Fülle an Infos: www.chaserthebc.com/

Nachruf auf John W. Pilley, Wofford College, ohne Autorenangabe, 19. Juni 2018: www.wofford.edu/about/news/news-archives/2018/dr-john-pilley-professor-emeritus-passes-away

Herald-Journal, Porträt über den Farmer Wayne West: »Welcome to the Wild Wild West«, ohne Autorenangabe, https://eu.goupstate.com/story/news/2005/08/17/welcome-to-the-wild-wild-west/29767457007/

Bericht über die Today-Show mit Chaser: »Meet the dog who knows 1022 words«, von Michael Inbar, 9. Februar 2011, www.today.com/news/meet-dog-who-knows-1-022-words-wbna41489081

Studien

Boros, Marianna et al.: »Neural evidence for referential understanding of object words in dogs«, Current Biology, 22. April 2024, DOI:10.1016/j.cub.2024.02.029

Kaminski, Juliane et al.: »Word Learning in a Domestic Dog: Evidence for ›Fast Mapping‹«, Science, 11. Juni 2004, DOI:10.1126/science.1097859 (das ist die Rico-Studie)

Pilley, John W. und Reid, Alliston K.: »Border collie comprehends object names as verbal referents«, Behavioural Processes 86(2): 184–195, 8. Dezember 2011 (online), https://doi.org/10.1016/j.beproc.2010.11.007

Pilley, John W.: »Border collie comprehends sentences containing a prepositional object, verb, and direct object«, Learning and Motivation 44(4): 229–240, 13. Mai 2013, www.sciencedirect.com/science/article/abs/pii/S002396901300026X?via%3Dihub

Nachtrag: Auf die Frage, ob theoretisch jeder Hund das kann, was Chaser konnte, gibt es mittlerweile eine Antwort. Sie lautet: Ja, jeder Hund ist dazu imstande, er muss kein Genie sein. Das ist das Ergebnis einer Studie, die sechs Forschende der ungarischen Eötvös-Loránd-Universität im April 2024 veröffentlichten (s. o. Boros et al.). Sie hatten 18 Hunden diverser Rassen ins Gehirn geblickt, mithilfe von aufgeklebten Elektroden, und die Muster der Hirnströme aufgezeichnet. So ausgestattet bekamen die Tiere Wörter vorgespielt und gleichzeitig Spielzeuge gezeigt. Die passten mal zu den Wörtern und mal nicht. Bei dem Wort »Ball« wurde also entweder ein Ball hochgehalten oder aber ein Stofftier. Und siehe da: Passten Spielzeug und Wort zusammen, riefen die Tiere Erinnerungen in ihrem Hirn ab, ganz ähnlich, wie Menschen das tun, die solche Tests durchlaufen – was als Beleg dafür gilt, dass die Kandidaten die Begriffe kennen. Auch zeigten die Hirnströme dabei ein ganz anderes Muster als bei unstimmigen Paarungen. Wie viele

Wörter ein Hund kannte, spielte dabei keine Rolle, ein paar wenige reichen schon aus. Damit ist auch der Einwand widerlegt, dass nur besonders begabte Tiere wie Rico und Chaser ein Wortverständnis besitzen. Selbst der Alltagsfamilienhund ist dazu in der Lage.

9. Killer

Um K9-Killers Geschichte schreiben zu können, waren einige Unterstützerinnen und Unterstützer nötig. Zuerst half mir Alex van den Heever, der Gründer der Tracker Academy in Südafrika. Er stellte den Kontakt zu Killers früherem Partner Amos Mzimba her. Die Tracker Academy ist eine Einrichtung im Greater Kruger National Park, die Ranger (Rhino Guardians) in der traditionellen Kunst des Fährtenlesens unterrichtet. Dort arbeitet Amos Mzimba heute als Cheftrainer und gibt sein Wissen an die nächsten Generationen weiter.

Aber er spricht kein Englisch. Und zum Zeitpunkt meiner Recherchen befand er sich mit den Rhino Guardians an einem Ort mit wackliger Internetverbindung. Dass dennoch ein sehr informatives und zugleich lustiges Gespräch mit ihm zustande kam, ist nicht nur dem Büro der Academy zu verdanken, sondern auch Innocent Ngwenya, einem der Ausbilder. Er sprang als Übersetzer ein und begrüßte mich mit den Worten: »Ich fühle mich stark wie ein Krokodil. Und wie geht's dir so?«

Als Nächstes half mir die Filmemacherin Bonné de Bod, die 2018 den Dokumentarfilm »Stroop – Journey into the Rhino Horn War« herausbrachte. In ihrem Film über die Nashornwilderei gibt es ein Porträt von Amos Mzimba und Killer. Bonné de Bod erzählte mir von der innigen Beziehung zwischen den beiden und auch, wie es 2015 bei dem Gerichtsprozess zuging, bei dem zum ersten Mal in der Geschichte Südafrikas ein Hund – Killer – als

Beweismittel zugelassen wurde: Bonné war vor Ort und konnte aus erster Hand berichten.

Weitere Informationen bekam ich von Bruce Leslie. Er ist Ranger einer Spezialeinheit gegen Umweltkriminalität im Kruger Nationalpark, Amos Mzimba hat früher für ihn gearbeitet. Bruce Leslie schlug Killer für die PDSA Gold-Medaille vor. Er erzählte mir von den dramatischen Ereignissen im Grenzgebiet zu Mosambik, bei denen Amos Mzimba nur überlebte, weil sein Hund für ihn da war.

Quellen

Video-Call mit Amos Mzimba am 29. Januar 2025

Trailer des Films »Stroop« von Bonné de Bod: www.youtube.com/watch?v=m7ZViB_dxG4

Online-Medien

BBC News: »Rhino poacher-hunting dog from South Africa gets hero medal«, ohne Autorenangabe, 8. Januar 2016, www.bbc.com/news/world-africa-35264270#:~:text=A%20poacher%2Dhunting%20dog%20in,over%20the%20last%20four%20years.

The Citizen: »KNP Tracking dog's conduct noted in court«, von Helene Eloff, 5. Oktober 2015

www.citizen.co.za/lowvelder/news-headlines/2015/10/05/knp-tracking-dogs-conduct-noted-in-court/

PDSA: »Supreme honour for South Africa's most successful poacher-hunting dog«, 7. Januar 2016, www.pdsa.org.uk/press-office/latest-news/pdsa-gold-medal-for-k9-killer

10. Rin-Tin-Tin

Wer über Rin-Tin-Tin lesen oder schreiben möchte, kommt an Susan Orleans gleichnamigem Werk nicht vorbei. Die Bestseller-Autorin des *New Yorker* hat ein umfassend recherchiertes Buch über den Filmhund geschrieben. Es wurde zu meiner wichtigsten Quelle und sei allen Rinty-Fans ans Herz gelegt, die auch die Jahrzehnte nach seinem Tod noch mitverfolgen wollen. Weil die Leute von dem tollkühnen Schäferhund nicht genug bekommen konnten, bevölkerte ein steter Strom aus Rinty-Erben die Film- und Fernsehlandschaft. Wer Zeit und Muße hat, sollte sich auch einen der Stummfilme anschauen, die Rin-Tin-Tin berühmt gemacht haben. Sie sind wirklich enorm beeindruckend. Kein Wunder, dass die Menschen damals die Kinosäle stürmten.

Auf meine Mailanfragen an Susan Orlean erhielt ich keine Antwort.

Quellen

Orlean, Susan: *Rin Tin Tin: The Life and Legend of the World's Most Famous Dog*, Simon & Schuster 2011

Valderrama, Carla: *This was Hollywood: Forgotten Stars and Stories*, Running Press Adult 2020

Video eines Vortrags von Susan Orlean

Chicago Humanities: »Susan Orlean on Rin Tin Tin«, 19. November 2013, www.youtube.com/watch?v=ZszeRR8v3X0

Zwei Filme von Rin-Tin-Tin

Warner Bros. 1923, zu finden bei Silent Hall of Fame: »Where the North begins«, www.youtube.com/watch?v=n3vwp0g9pPM

Warner Bros. 1924, ebenfalls bei Silent Hall of Fame: »The Lighthouse by the Sea«, www.youtube.com/watch?v=xe2ecZTpB48

Online-Medien

Bright Lights Film Journal: »The Fall of the House of Warner: The Warner Brothers«, von Graham Daseler, 25. Januar 2014, https://brightlightsfilm.com/the-fall-of-the-house-of-warner-the-warner-brothers/

Fuller-Seeley, Kathryn und Groskopf, Jeremy, Rutgers University Press 2014, https://shc.stanford.edu/arcade/interventions/dogs-who-saved-hollywood-strongheart-and-rin-tin-tin

The Hollywood Reporter: »Hollywood Flashback: Rin Tin Tin Saved Warner Bros. From Bankruptcy in 1923«, von Seth Abramovitch, 10. Januar 2019, www.hollywoodreporter.com/movies/movie-news/rin-tin-tin-saved-warner-bros-bankruptcy-1923-1174469/

Stanford Humanities Center: Buchauszug aus *Cinematic Canines: Dogs and Their Work in the Fiction Film*, Kapitel: »The Dogs Who Saved Hollywood: Strongheart and Rin Tin Tin«

II. Weela

Weela war am schwierigsten zu recherchieren. Es gab nur wenige Quellen, und die widersprachen sich zudem in mancherlei Hinsicht. Möglicherweise hat die Pitbull-Hündin noch mehr Tiere und auch Menschen aus den Fluten gerettet. Aber dafür habe ich zu wenige Belege gefunden, die mir belastbar erschienen. Auch konnte ich die Autorin Ruth Gordon, die über Weela geschrieben hat, nicht erreichen. Eine andere Buchautorin, Kristin von Kreisler, antwortete zwar auf meine Mails, erinnerte sich aber nicht mehr an ihre Quellen. So beschränkt sich Weelas Geschichte in diesem Buch auf die Fakten, die sich erhärten ließen. Vielleicht war die Pitbull-Hündin also noch viel tapferer, als von mir geschildert.

Quellen

Gordon, Ruth: *It takes a dog to raise a village*, Willow Creek Press 2000

Harvey, Paul: Paul Harvey – Pitbull Dog, aus: Radio Show »The Rest of the Story«, Spreaker Harold Cheetham, 1. April 2023, www.youtube.com/watch?v=_8VGvm4pgdY

Online-Medien

The Seattle Times: »Can Weela's Heroics Change Pitbull Image?«, von Ranny Green, 13. März 1994, https://archive.seattletimes.com/archive/19940313/1899923/can-weelas-heroics-change-pitbull-image

U. S. Geological Survey, Department of the Interior, Water Fact Sheet: »Southern California Storms and Floods of January – February 1993«, https://pubs.usgs.gov/of/1993/0411/report.pdf

12. Nora

Die Schweizer Bergretterin Nora ist – im übertragenen Sinne – eine Nachfahrin des legendären Barri (warum dessen Geschichte nicht in diesem Buch auftaucht, erfahren Sie auf S. 282). Ich fand sie zuerst online auf Schweizer Magazinseiten und nahm dann Kontakt zu René Geisser auf, ihrem Partner. Er schickte mir weitere Berichte zur Arbeit der Lawinenhunde. Darunter war auch ein Report über die dramatische Rettung des verschütteten Karl Mattli. Als wir uns via Zoom zum Gespräch trafen, erzählte René mir detailliert, wie ein Junghund an die Rettungsarbeit herangeführt wird, wie die Ausbildung abläuft und was so ein Tier im Einsatz können muss. Auch hier zeigte sich im Verlauf der Unterhaltung: Die Heldentat entsteht im Team. Denn Rettungshunde reagieren nicht nur auf menschliche Geruchsspuren, sondern auch auf die Stimmung ihres Partners oder ihrer Partnerin. »Wenn der Führer nervös ist«, sagt René Geisser, »überträgt sich das eins zu eins auf das Tier.«

Quellen

Video-Call mit René Geisser am 30. April 2025
Video über die Rettungsarbeit der Lawinenhunde: www.tele1.ch/nachrichten/lawinenhunde-proben-im-titlis-gebiet-ernstfall-160258668

Online-Medien

20 Minuten: »Ziehe ich Rettungskleider an, weiß Nala, dass es losgeht«, von Cedric Bähler, 23. März 2025, www.20min.ch/story/lawinenhund-rene-geisser-bildet-vierbeiner-aus-die-leben-retten-103306848
Schweizer Illustrierte: »Nora, die Lebensretterin«, von Thomas Kutschera, 26.4.2019, www.soccorsoalpino.ch/fileadmin/user_upload/ars_internet/aktuell/Nora__die_Lebensretterin.pdf
Tierwelt.ch: »Wir sind die Feuerwehr der Berge«, geschickt von René Geisser als Word-Dokument, kein Link mehr verfügbar

13. Bobbie

Es gibt mehrere Bücher, die von Bobbies strapaziöser Reise quer durch die USA erzählen. Ich habe mich hauptsächlich auf das Buch *Silverton's Bobbie* von Judith Kent gestützt, weil es sich durchgängig an die Fakten hält und auch den Inhalt einiger Briefe wiedergibt, die Bobbies Unterstützerinnen und Unterstützer an die Braziers geschrieben haben. Eine weitere wichtige Quelle war der lange Bericht von Frank Brazier selbst, in dem er den Abend schildert, an dem Bobbie verschwand.

Da Bobbie nach seinem Tod nicht zu Hause, sondern in Portland begraben wurde (damals existierte dort ein Tierfriedhof), gründete sich 2012 eine Initiative, die »Bring Bobbie home« heißt. Sie setzt sich dafür ein, dass Bobbies sterbliche Überreste nach Silverton gebracht werden, in einer sozusagen endgültig letzten Reise.

Quellen

Alexander, Charles: *Bobbie – A Great Collie* (Original von 1926), Neuausgabe bei Collie Chatter Publications 2021

Brazier, Frank: Bobbie – The Wonder Dog Of Oregon, Artikel erschienen in: *Animals Pals*, hrsg. von Curtis Wager-Smith, Macrae Smith Company 1924

Kent, Judith: *Silverton's Bobbie – His Amazing Journey*, Ridenbaugh Press 2018

Online-Medien

Initiative »Bring Bobbie home«: https://bringbobbiehome.com/

The Sunday Oregonian, historischer Zeitungsbericht: »Fiction outdone by dog – faithful animal crosses eight states in long journey to home in Silverton«, 24. Februar 1924, https://offbeat-oregon.com/assets-2011/o1101a-bobbie-silverton-wonder-dog/oregonian-bobbie-map-1800.png

14. Lucca

Von Luccas heldenhaftem Leben weiß ich erst seit Kurzem. Ich hatte die Militärhündin ursprünglich nicht auf meiner Liste. Erst als aus Recherchegründen einer der gesetzten Kandidaten ausfiel, machte ich mich erneut auf die Suche und fand sie. Das war ein riesiges Glück. Luccas Geschichte werde ich nicht mehr vergessen und auch nicht, was diese Hunde im Einsatz leisten. Als ich Chris

Willingham anschrieb und um ein Gespräch bat, antwortete er sehr rasch. Er und Luccas zweiter »Daddy« engagieren sich heute bei der United States War Dog Association. Chris Willingham ist der Präsident der Vereinigung, Juan Rodriguez arbeitet als Stewardship Manager.

Als Vorbereitung auf den Video-Call las ich das Buch der Bestseller-Autorin Maria Goodavage, *Top Dog*. Maria hatte für ihre Recherche zwei Wochen bei den Willinghams verbracht und Lucca noch persönlich erlebt. Ihr grandioses Buch bringt einem nicht nur das Leben eines Militärhundes nahe, der jeden Tag seinen Hals riskiert, es erklärt auch, warum die Verbindung solcher Hund-Mensch-Teams so tief ist: weil beide stets mit dem Tod rechnen müssen und nur einander als Schutz haben.

Auf meine Bitte um ein paar Zeilen zu Lucca schrieb Maria Goodavage:

»Die Willinghams kennenzulernen – die zweibeinigen und den erstaunlichen dreibeinigen mit den ausdrucksstarken Augenbrauen – war eine wahre Freude. Sie haben mich in ihrem Zuhause willkommen geheißen, wo Lucca zu meiner großen Überraschung beschloss, während meines zweiwöchigen Aufenthalts meine Teilzeit-Mitbewohnerin in dem geräumigen Gästezimmer zu werden. Das Zusammenleben mit dieser heldenhaften Hündin, die durch das Haus galoppierte, als wäre nichts gewesen, gab mir einen echten Einblick in ihren Charakter, den ich ohne diese gemeinsame Zeit vielleicht nicht gewonnen hätte.

Dass Lucca sich entschied, stundenlang mit mir zusammen zu sein, anstatt Chris Willingham wie sonst üblich auf Schritt und Tritt zu folgen, ließ mich denken, dass ich etwas ganz Besonderes sein muss. Die Hundeleckerlis, die ich für sie auf meinem Nachttisch aufbewahrte, hatten nichts mit ihrer Loyalität mir gegenüber während meines Besuchs zu tun. Dass sie sich jedes Mal, wenn sie in mein Zimmer kam, hinlegte und sich mit dem Blick auf die Leckerli-Tüte positionierte, war reiner Zufall. Das Gleiche galt, als mir die Leckerlis ausgingen und sie zurück nach oben zu Chris und ihrer Familie lief. Zufall! Nein, Lucca war verrückt nach ihrer Biografin, und das Gefühl beruhte auf Gegenseitigkeit.

Es ist schwer zu beschreiben, wie es ist, in Luccas Gegenwart zu sein. Man schaut ihr in die Augen und erkennt, wie viel dieser Hund gesehen, gerochen, gehört und erlebt hat: Ihre Jugend in den Niederlanden, prägende Monate in Israel, zweimal Krieg im Irak, Krieg in Afghanistan, der Tod ihres besten Hundefreundes, Chaos und Aufruhr, nächtliche Luftangriffe, die Aufregung beim Spiel mit dem Kong (ihrem Hartgummiball), der Duft von rotem Hühnereintopf in Afghanistan, Mörsergranaten, der Geruch von Feuergefechten und Angst, IEDs und IEDs und IEDs, der Verlust eines Beines, Besuche bei verwundeten Soldaten, das Familienleben, das Aufwachen am Sonntagmorgen mit dem Duft von Pfannkuchen und Speck. All das steckte in dieser Heldin, und ich bin froh, dass ich dazu beitragen konnte, ihre Erfahrungen für die Leserinnen und Leser zugänglich zu machen.«

Quellen

Video-Call mit Chris Willingham am 19. Mai 2025

Maria Goodavage: *Top Dog: The Story of Marine Hero Lucca*, Dutton/Penguin, 2014

Online-Medien

Bundeswehr-Journal: »Hohe Auszeichnung für amerikanische Spürhündin Lucca«, von Christian Dewitz, 7. April 2016, www.bundeswehr-journal.de/2016/hohe-auszeichnung-fuer-amerikanische-spuerhuendin-lucca/

Los Angeles Times: »Lucca, a Marine dog who lost her leg in Afghanistan, receives the Dickin Medal«, von Hieu Tran Phan, 12. April 2016 www.latimes.com/local/california/la-me-brave-dog-military-watch-20160412-story.html

15. Swansea Jack

Der walisische Held ist tatsächlich unvergessen. Das zeigen die vielen Websites und Videos, die von ihm berichten, noch fast hundert Jahre nach seinem Tod. Eine Website hat mir besonders gut gefallen. Das ist die von Carl Gough, einem Geschichtenerzähler, der bei Swansea lebt. Er weiß nicht nur eine Menge über Jack, den Rettungsschwimmer, er hat auch akribisch recherchiert, wie das historische Swansea zu dessen Zeiten aussah. In einem seiner Videos nimmt Gough die Zuschauerinnen und Zuschauer mit auf eine Stadtführung. Er zeigt die Orte, an denen Jack gewirkt hat und die heute keine Ähnlichkeit mehr mit den Plätzen von damals haben. Aber dank seiner Illustrationen kann man sich gut vorstellen, wie es einmal am North Dock, an den Piers und am New Cut ausgesehen haben muss, wo der Retriever seine Streife lief.

Leider habe ich Carl nicht persönlich gesprochen, wir tauschten Mails aus, schafften es aber nicht zu einem Treffen. Ich bin ihm dennoch sehr dankbar für seine Arbeit und die vielen Informationen.

Zentrale Quellen waren auch das Buch von Marie Stickler Davies sowie die vielen historischen Zeitungsberichte aus dem British Newspaper Archive.

Quellen

Stickler Davies, Marie: *Swansea Jack – the story of a hero*, R & S Brown Pontarddulais Swansea 1986

Videos

Video von Carl Gough: »Uncovering the story of Swansea Jack«, www.storytelling.wales/swansea-jack.php

Ein weiteres Video von Gough, in dem es viele historische Aufnahmen zu sehen gibt: »The evolution of a hero – the true story of Swansea Jack«, www.storytelling.wales/swansea-jack.php

Video von Chris Lloyd: »Swansea Jack – the Dog Who Saved a City«, 9. Juli 2021, www.youtube.com/watch?v=_phb5j7YXcU

Video von Greg Ballantine und Dylan Hopkins: »The Story of Swansea Jack«, 19. Februar 2021, www.youtube.com/watch?v=EiTVEsKf5zc

Historische Zeitungsberichte

John Bull Newspaper: »Wonderful Dog Heroes«, 13. Februar 1937, s. o. BNA

Herald of Wales: »›Swansea Jack‹ Rescue: Twenty-Fifth Life Saved by Retriever«, 13. Juni 1936, s. o. BNA

Reynolds News: »Dog V.C. Has Saved 22 People From Drowning«, 12. April 1936, British Newspaper Archive, s. o. BNA

South Wales Daily Post: »Dog Life-Saver: Swansea Retriever Makes His Second Gallant Rescue«, 8. Juli 1931, British Newspaper Archive (BNA, kostenpflichtig), www.britishnewspaperarchive.co.uk/

South Wales Evening Post: »Dog Goes to Rescue: Boy Saved from Swansea Dock«, 10. Juni 1935, s. o. BNA

Western Mail & South Wales News: »Dog That Saved 21 Lives«, 17. September 1935, s. o. BNA

Online-Medien

CRAM Swansea University, UK: »Monuments and animals: Swansea Jack (1930–1937)«, von Hannah Lyons, 25. Juni 2021, https://cramswansea.wordpress.com/2021/06/25/monuments-and-animals-swansea-jack-1930-1937/

Warum fehlt der Hundeheld Barri?

Der Schweizer Bergretter ist eine Legende, mehr noch: Er ist der Urvater aller Rettungshunde. Dass er hier nicht auftaucht, bedarf einer Erklärung: Tatsächlich stand Barri lange auf der Liste der fünfzehn Hundehelden. Es gab auch schon den Entwurf zu einer Geschichte, der allerdings im Papierkorb landete. Denn: Über das reale, tatsächliche Wirken dieses Hundes lässt sich fast nichts in Erfahrung bringen – trotz zweier Bücher, die über ihn berichten, und etlicher Quellen.

Es existieren jede Menge Legenden über ihn – etwa, dass er einen verunglückten Jungen auf seinem Rücken getragen haben soll, was nicht stimmt –, es gibt auch Beschreibungen der allgemeinen Rettungsarbeit mit Hunden auf dem Pass des Grossen Sankt Bernhard, wo Barri gelebt hat. Man kann sich umfassend über die Präparationstechniken informieren, mit denen der Hund für die Nachwelt konserviert wurde (er steht heute ausgestopft im Naturhistorischen Museum Bern), genau wie über die Anfänge der Bernhardinerzucht. Das sind alles spannende Themen. Sie sind nur: keine Heldengeschichte.

Alles, was man von dem realen Barri weiß, lässt sich in einem Absatz zusammenfassen: Er lebte von 1800 bis 1812 im Hospiz der Augustiner Chorherren auf dem Pass des Grossen Sankt Bernhard, verrichtete dort den Rettungsdienst zusammen mit anderen Hunden. Er wurde 1812 nach Bern ins Tal gebracht, wo er 1814 starb. Dass er Menschen gerettet haben soll, vierzig an der Zahl, wird zwar überall wiedergegeben, aber belegen lässt sich das nicht.

Es war mir nicht möglich, eine einzige nachweisbare Heldentat von Barri zu rekonstruieren. Dabei hatte ich tatkräftige Hilfe, vor allem von Andrea Zollinger von der Fondation Barry, die mir eine lange Literaturliste nebst Kontakten schickte. Doch nichts davon führte zu einem greifbaren Ergebnis.

Eine interessante Begebenheit fiel bei der ganzen Sucherei allerdings ab: Im Jahr 1800 zog eine gewaltige Armee von Napoleon Bonaparte über den Pass des Grossen Sankt Bernhard und machte im Hospiz der Chorherren Station. Just zu diesem Zeitpunkt war Barri schon auf der Welt und ein paar Wochen alt. Napoleons Generalstabschef verguckte sich in den niedlichen Welpen und wollte ihn mitnehmen, doch der Hundepfleger des Hospizes rückte ihn nicht heraus. Diese Episode lässt sich in dem wunderbaren Buch *Auf Napoleons Spuren: Eine Reise durch Europa* des Historikers Thomas Schuler nachlesen (erschienen bei C.H. Beck). Auch Schuler half mir bei der Recherche, schickte mir den Kontakt zu einem französischen Historiker. Aber: nichts zu machen.

Ich glaube fest daran, dass der Schweizer Berghund ein großer Held war und viele Menschenleben gerettet hat. Aber weil über seine Heldentaten nichts Greifbares bekannt ist, blieb mir keine andere Wahl als zu sagen: Adieu, Barri.

Danke

Es ist gute Sitte unter Hundeleuten, als Erstes den Tieren zu danken. Mein Dank geht daher an alle Hundehelden dieses Buches für ihre unglaublichen Taten. Ich danke auch allen Hunden in meiner Umgebung für die vielen Zärtlichkeiten, die sie mir zukommen ließen, als ich sie dringend brauchte. Sie sind ebenfalls Helden, jeder auf seine Art.

Als Nächstes danke ich den Menschen in diesem Buch für die Gespräche, die wir geführt haben, für ihre Offenheit, ihr Vertrauen zu mir und für die Liebe, die sie ihren Tieren entgegenbringen.

Ein riesiger Dank geht an alle Unterstützerinnen und Unterstützer dieses Buches. Sie haben mir bei der Recherche geholfen, mir Mut gemacht und mir den Rücken freigehalten:

Maria Goodavage, Deb Pilley-Bianchi, Damien Lewis, Carl Gough, Kristin von Kreisler, Natascha Häseler, die Weltenwanderer Jenny und Daniel, Julica Jungehülsing, Rick Fenny, Nancy Gillespie, Bonné de Bod, Alex van den Heeren, Janetta Bock-Benadie, Jacques Human, Kayla Lottering, Innocent Ngwenya, Bruce Leslie, Thomas Schuler, Andrea Zollinger, Joana Rettig, Peter Spork, Sarah Mersch, die Tier-Reporter und das Riff-live-Team, Nora Saager und Bertram Weiß.

Ein Extradank geht an:

Laura Graf, Lektorin bei Goldmann, die das Projekt von Anfang an liebte. Dafür, dass sie immer ansprechbar war, immer gut gelaunt und so hilfsbereit.

Meine Lektorin Birthe Vogelmann für ihr hochprofessionelles und feinfühliges Lektorat, für ihren stetigen Zuspruch und ihre Geduld. Es war ein wunderbares Teamwork.

Die Illustratorin Sarah Heuzeroth, die mir während der Arbeit an diesem Buch ans Herz gewachsen ist. Schönere Zeichnungen hätte ich mir für die Hundehelden nicht wünschen können.

Meine Agentin Hanna Leitgeb von der Agentur Rauchzeichen für ihre Begeisterung für das Projekt, ihre Windhundschnelligkeit beim Beantworten von Mails, ihr Verhandlungsgeschick und die souveräne Vertretung.

Rainer B. Langen für seine verlässliche Unterstützung beim Transkribieren von Interviews.

Heike Dorn, die ehemalige Vizechefin des Magazins *Dogs*, die mir vor Jahren den Platz einräumte, über V.I.D. zu schreiben – Very Important Dogs –, der Beginn von allem.

Ein inniger Dank geht an meine Freundinnen Alex Lipp, Gabi Pilhofer und Insa Rücker, auf die ich mich blind verlassen kann, egal, wann, wo und wie. An meine Freundin und Kollegin Susanne Wedlich für den Beistand in langen Telefonaten und die vielen Rückzugsangebote. An meine Dodo-Ruderschwestern, die ich ständig vertrösten musste, auch kurzfristig, und trotzdem sitzen wir immer noch in einem Boot. An das grandiose Ensemble des Chorlabors mit all seiner Kraft (bleibt erschütterbar!). Und natürlich an die stärksten Supporter und Rückenfreihalter, die es in meinem Leben gibt: mein Mann Nils und meine Eltern.

Ganz zum Schluss will ich meiner Freundin und Kollegin Carina Frey für ihre großartige Unterstützung danken. Sie war die Erstleserin aller Geschichten und hat mich durch dieses Buch begleitet. Ohne sie, ohne ihre klugen Gedanken, ihre einfühlsame Kritik, ihr scharfes Auge, ihre vielen geopferten Wochenenden, ihre Anteilnahme, ihren Ansporn, ihren Trost und ihr riesiges Herz hätte ich diese Heldengeschichten so nicht schreiben können. Sie hat gesehen, was gut war, und sie hat gesehen, was fehlt. Jedes Buchprojekt ist eine Reise ins Niemandsland. Man weiß nicht, wie man hineinkommt, wie man hindurchkommt und schon gar nicht, wie man am Ende dasteht. Ohne eine Freundin an der Seite ist es nicht zu schaffen. Auch Frodo hat den Ring nicht allein nach Mordor getragen, er hatte Sam. Carina war mein Sam. Dafür gibt es keinen Dank, der ausreicht.